피아니스트 엄마의
조금 특별한
음악태교

QR코드를 스캔하면
재즈 피아니스트 이노경의
연주를 동영상을 통해
들을 수 있습니다.

피아니스트 엄마의
조금 특별한
음악태교

글_이노경

이담
Books

창의적이고 에너지 넘치는 다양한 장르의 음악과 태교의 접목! 한마디로 흥미롭고 신선하다. 더욱이 프로 연주자가 전문가의 예리한 시선으로, 또 초보 아기 엄마가 엄마의 가슴으로 쓴 책이기에 호감이 가고 신뢰가 간다. 그래서일까? 책의 처음부터 끝까지 친절함과 섬세함 그리고 따뜻함이 녹아있다. 모르긴 몰라도 음악태교에 새로운 지평을 열어줌과 동시에 대안을 제시해줄 것으로 기대된다. 무엇보다 『(피아니스트 엄마의) 조금 특별한 음악태교』는 엄마와 아이 모두에게 삶의 자양분이 되리라 믿는다.

방송인 / 음악평론가 이헌석
『이럴 땐 이런 음악』, 『클래식 상식백과』의 저자

재즈 피아니스트이자 여류작곡가인 이노경의 『(피아니스트 엄마의) 조금 특별한 음악태교』는 재즈 및 클래식, 국악, 팝 등의 다양한 음악을 태교의 과정을 통해 소개해주고 있다. 임산부와 태어날 아기들, 그리고 이 책을 접하는 모든 이에게 전해주는 베스트 음악선물이다.

경희대학교 포스트모던음악학과 교수 이우창

이노경은 동서고금의 음악을 섭렵한 음악가이다. 그녀는 첫 아이의 임신을 시작으로 다양한 음악을 감상하였다. 그중 아기와 엄마 자신이 가장 공감했던 음악만을 엄선하여 설명과 함께 책에 실었다. 21세기 창조적인 삶을 위한 EQ, IQ 음악으로 손색이 없다.

중앙대학교 교수 / 중앙음악치료학회 회장 **최상화**

재즈 피아니스트 이노경의 연주를 들으면, 한음 한음 진실을 바탕으로 이야기하는 감동을 느낄 수 있다. 이런 음악적 이야기를 무대를 넘어 활자화된 책으로 만날 수 있는 기회가 생기게 되어 매우 기쁘고 반갑다. 게다가 아름다운 엄마의 마음으로 매주 아기와 대화하듯 풀어 낸 이야기는 참으로 소중하고 고귀한 경험을 들려주는 연주자의 그것과 많이 닮았다. 지면을 무대삼아 연주하듯 이야기를 들려주는 저자에게 감동의 박수를 보낸다.

첼리스트 / 단국대학교 교수 **박태형**

prologue

분만 중에 전화가 왔다.

한참 진통으로 고통스러워 하다가 무통주사를 맞고, 한시름 놓을 때였다. 육아 전문잡지 M사인데, 태교에 좋은 음악을 선정해서 소개해 달라는 내용이었다. 무사히 순산을 하고, 산후조리원에서 글을 써서 보냈다. 그렇게 『(피아니스트 엄마의) 조금 특별한 음악태교』가 시작되었다.

마흔 전에는 결혼을 해서 아이는 낳아 봐야 한다고 노래를 불러댔었다. 다행히도 좋은 인연을 만나 바람대로 결혼을 하고 딱 마흔이 되기 전인 서른아홉에 아이를 낳았다. 모든 임산부가 다 그렇겠지만, 특히나 노산에 첫 아이라 모르는 것 투성에 새롭게 알고 배워야 할 것들이 너무나 많았다. 시행착오를 겪었지만, 나와 태어날 아기를 위해 최선을 다했다. 나의 직업이 직업인만큼 '음악태교'에 신중했으며, "태교일기"도 꼬박꼬박 빠지지 않고 썼다. 그렇게 써 내려간 글이 우리 아이가 두 돌(글을 쓰고 있는 현재는 34개월)이 지난 지금에야 독자들과 만나게 되었다. 분만 중에 의뢰를 받아 물꼬를 튼 글이 이제 어엿한 책으로 결실을 보게 된 것이다.

이 책은 잠이 쏟아질 때, 피곤해서 쉬어야 할 때, 막달에 몸이 힘들 때 등등 임신 중에 겪게 되는 여러 상황에서 적절하게 들을 수 있는 음악(곡)을 관련 정보와 함께 주차별로 싣고 있다. 기존의 천편일률적인 클래식 태교음악에서 벗어나 재즈를 바탕으로 국악과 팝, 가요 등 다양한 장르의 곡을 소개하고 있어, 임산부와 태아에게 풍부한 청각적 자극이 되리라 본다. 선정된 곡 대부분은 국내 주요 검색 사이트에서 바로 찾아 들을 수 있는 것으로, 소개된 관련 정보를 읽으면서 감상을 한다면 이해도가 커질 것이다. 39주까지 순서에 상관없이 전체 곡을 한꺼번에 다운받아 랜덤으로 들어도 크게 무리는 없다. 임산부가 듣다가 피곤해지거나 불편하다고 여겨지는 곡은 생략하고 넘겨도 무방하다. 모든 임산부의 음악적 배경이나 상태, 환경이 다 같을 순 없으니 말이다.

같은 임산부의 몸으로 써내려 간 '태교일기가 수반된 음악'이라 더더욱 많은 공감과 공유가 되리라 기대하며, 아무쪼록 모두 순산하길 바라는 마음이다. 출산 후, 펼쳐질 육아의 세계에서도 훌륭한 엄마로 거듭 성장하길 응원한다.

끝으로 글을 쓰는 데 있어 무한 감사와 애정을 담아 영감이 되어준, My One And Only Love, '서해인'에게 이 책을 바친다.

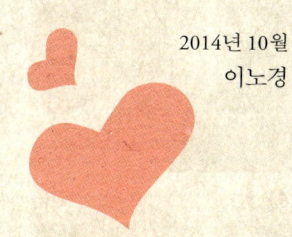

2014년 10월
이노경

Contents

임신? 임신!
일단은 듣고 싶은 대로

임신을 했다.

처음부터 속이 메슥거린다거나 토할 것 같은… 그런 흔히 말하는 임신 증후 같은 건 없었다. 다만, 순간순간 잠이 쏟아졌다. 초저녁 TV 앞에 앉으면 나도 모르게 졸다가 수면제 여러 알 삼킨 것 마냥 바로 곯아떨어지는 것이다.

나의 경우에는 허니문 베이비라, 임신을 위해 몸을 만든다거나 혹은 미리부터 태교를 위해 말과 행동, 마음가짐을 조심히 하는 등의 적극적인 노력을 기울일 틈이 없었다. 그저 막연히, 40살 이전에 결혼해서 아이는 하나 낳아야 여성으로 태어난 본분은 지키지 않겠는가 싶었는데… 노산이 될 터라 불임이나 난임이 되지는 않을까 걱정은 되었다. 임신 시약의 선명한 두 줄을 확인하기 전까지는 보통의 나의 일상대로 지내왔다.

나는 강의를 다녀오는 중에

혹은 집에서 책을 읽거나 휴식을 취할 때,

주로 내 취향의 음악을 선별하여 듣곤 했었다.
본격적인 태교 전이라 태교에 대해 의식하진 않았지만, 돌이
켜보면 좋은 태교의 시작이 되어 준 것 같다.

그즈음 나의 관심은 재즈에서 월드뮤직, 더 나아가 우리 국악
으로까지 확장되었다. 재즈로 학사 · 석사를 취득한 뒤, 다시
C 대학교 국악 석사를 하게 된 것도 이런 연유에서였다. 재즈
는 크게 재즈의 전통을 그대로 고수하여 계승 · 발전시키려는
보수적인 성향의 재즈와 연주보다는 콘셉트, 아이디어가 주
가 되고 사운드의 우발성에 의존하여 퍼포먼스적인 음악활
동을 중시하는 재즈, 그리고 애시드 재즈Acid Jazz, 일렉트로 재
즈Electro Jazz 같이 현 대중음악의 유행에 민감한 재즈 등 3가지
로 나눌 수 있다.
재즈와 월드뮤직과의 만남은 이전부터 지속되어 왔는데, 타
문화권의 음악은 집중적으로 단기간 내에 공부한다고 하더
라도 바로 내 것이 되는 성격의 것이 아니다. 그 융합이 자칫
잘못하면 오히려 진정한 통합에 이르지 못하고 천박해질 수
있으므로 매우 조심스러운 과정임에 틀림없다. 하지만 동시
에 여전히 재즈가 지닌 한계를 보완할 미래적 보루이자 많은

재능 있는 뮤지션들의 뮤즈 역할을 해왔던 것도 사실이다.

나 역시 이를 월드뮤직에서 찾아보고자 하는 의도를 가져왔고, 우리나라의 국악도 그러한 의미에서 공부해 볼 필요성을 느꼈다.

대표적인 월드뮤직 성향의 음악을 나열해 보면 다음과 같다. 물론 내가 좋아하고 즐겨들었던 음악들이다.

재즈 퓨전과 정통 라틴음악의 결합을 시도한 칙 코리아Chick Corea,1941~의 앨범 [My Spanish Heart], 재즈뿐만 아니라 클래식에도 통달하여 양쪽에서 많은 찬사와 인정을 받고 있는 뉴올리언스 출신의 트럼펫 연주자 윈튼 마살리스Wynton Marsalis,1961~의 앨범 [The Magic Hour], 바호폰도Bajofondo의 [Mardulce]와 고탄 프로젝트Gotan Project의 [La Revancha Del Tango] 같이 아르헨티나의 탱고와 일렉트로니카의 결합을 시도한 현대화된 탱고앨범들이 있다. 또한 이스라엘의 조안 바에즈라고도 일컫는 여성 보컬리스트로, 예전에 KBS 2TV 드라마 '고독'의 테마로도 사용되어 화제가 된 하바 알버스타인Chava Alberstein,1947~의 [The Well] 같은 유대음악, 그리고 조빔, 질베르토와 함께 세계적인 보사노바 열풍의 산 증인이자, 〈The Look Of Love〉, 〈Mas Que Nada〉와 같은 히트곡의 주인이기도 한 세르지오 멘데스Sergio Mendes,1941~의 [Timeless] 같은 앨범들은 재즈 마니아가 아니더라도 누구나 듣기에 좋은 월드뮤직 성향의 앨범들이다.

나는 임신 확인 전, 그리고 임신을 확인한 후부터 초반까지 나의 관심을 끄는 음악, 나의 전공 분야 음악을 위주로 듣고 싶은 대로 듣고 또 들었다.

태교음악 선택에 있어서 무엇보다도 중요한 것은,
엄마가 들어서 좋은 음악인가,
편안한 마음으로 들을 수 있는가
일 테다.

엄마가 기분이 좋아야 태아의 기분도 좋아지고 안정이 된다. 임산부가 집중하고 듣는 음악을 태아 역시 듣고 반응하며, 그 정서는 그대로 엄마 몸을 통해 태아에게 전달될 것이다. 평소 록에 열광하던 여자가 결혼해서 임신을 했다고 해서, 듣기 싫고 불편한데도 뜬금없이 이전에는 전혀 듣지 않던 클래식을 억지로 들을 필요는 없다.

나는 재즈 하는 사람이라 재즈를 들었고, 관심사가 월드뮤직, 국악으로 전이되면서 음악 듣는 폭이 점점 넓어졌다. 평소 좋아하고 열심히 들었던 것을 예비엄마가 되었다고 갑자기 나의 색깔을 접고 평온해야 한다는 이유만으로 무조건 조용한 음악만을 강요당하고 싶은 생각은 없었다.

일단은 듣고 싶은 대로 듣는 거다!

Music for Mom & Baby

- 칙 코리아 Chick Corea
  〈Day Danse〉
- 윈튼 마살리스 Wynton Marsalis
  〈Feeling Of Jazz〉
- 윈튼 마살리스 Wynton Marsalis
  〈Baby, I Love You〉
- 바호폰도 Bajofondo
  〈Grand Guignol〉
- 고탄 프로젝트 Gotan Project
  〈Last Tango In Paris(Fauna Remix)〉
- 하바 알버스타인 Chava Alberstein
  〈Like A Wildflower〉
- 세르지오 멘데스 Sergio Mendes
  〈Timeless(Feat. India Arie)〉

잠꾸러기 임산부

종일 음악 TV 프로그램을 배경으로

인터넷에서 찾아 계산해 보니, 임신 4주째를 맞이하고 있었다. 나보다 먼저 결혼해 3살배기 아들이 있는 둘째 동생한테 물으니, 지금 병원에 간다 해도 아기 모습을 제대로 볼 수는 없으니 궁금하겠지만 조금 더 기다렸다가 5주나 6주 때 가라고 했다. 그 무렵 내 생활은 먹고, TV 보고, 음악 듣고, 자는 것이 하루 일과의 전부였다. 학교도 방학에 접어들어 딱히 해야 할 일도 없었지만, 도저히 섬세하고 세밀한 그 무언가를 할 수도 하기도 싫었던 마음이 컸다.

종일 음악 TV에서 흘러나오는 제이슨 므라즈Jason Mraz, 1977~의 〈I'm Yours〉, 블랙 아이드 피스The Black Eyed Peas의 〈The Time(Dirty Bit)〉, 케이티 페리Katy Perry, 1984~의 〈Firework〉, 에미넴Eminem, 1972~의 〈Love The Way You Lie(Feat. Rihanna)〉, 웨스트 라이프Westlife의 〈You Raise Me Up〉 등과 같은 미 팝송들을 배경으로 낮잠을 2~3시간씩 잤다.

임신 초기에 몸은 너무 피곤하고 따로 CD를 꺼내 듣거나 내
가 원하는 곡만 골라 MP3에 넣는 수고로움은 하기 싫었다.
그런데 음악은 들어야겠고…
그때 취한 나름의 응급처치법이
종일 팝 TV 프로그램을 틀어놓고 잠에 빠져들기였다.

조용한 음악만 들려주는 건 아니었다. 최신 음악과 인기 팝송
을 신청 사연을 통해 소개하고 음악에 대한 부연 설명과 함께
뮤직비디오를 틀어주는 프로그램이었다. 소파에 머리를 대
고 누워 음악을 듣기 시작하면, 1~2곡이 채 끝나기도 전에 음
악은 나의 공간을 채우는 배경이 되고 노랫말은 주문처럼 윙
윙거려, 곧 주위를 맴돌다 다른 차원의 세계로 빠져드는 듯한
몽롱한 상태의 나를 발견하는 것이었다. 어느새 나는 쏟아지
는 잠을 참지 못하고, 정신없이 자고 있었다.

무작정 TV를 틀어 놓고
들리는 것을 여과 없이 듣고,
이전에는 듣지 않던 음악을
선입견 없이 받아들였다.

태아에게 직간접적으로 새로운 청각적 자극을 줄 수 있을 것이라는 막연한 기대를 가졌던 것 같다. 믿지 못할 수도 있겠지만, 실제 의도된 '팝송 마사지'를 받고 나면 평소에 낮잠을 많이 자고 일어났을 때의 불쾌함, 찜찜함은 전혀 느낄 수가 없었다. 수면 내시경을 받고 한껏 자고 일어났을 때와 같은 뭔가 개운한 그 무엇을 느낄 수 있었다. 잠시 팝송을 매개로 4차원 세계에 갔다가 되돌아온 느낌이랄까? 이 시기 쏟아지는 잠은 나에게도 아기에게도 신체적·정서적으로 필요한 것이었다. 거부할 수도 거부해서도 안 되는 엄마가 되기 위한 필수 관문을 지나고 있었다.

그렇게 나는 한동안 게으르고, 게으르고 또 게으른 한 마리 소가 되어 있었다.

- 제이슨 므라즈 Jason Mraz
  〈I'm Yours〉
- 블랙 아이드 피스 The Black Eyed Peas
  〈The Time(Dirty Bit)〉
- 케이티 페리 Katy Perry
  〈Firework〉
- 에미넴 Eminem
  〈Love The Way You Lie(Feat. Rihanna)〉
- 웨스트 라이프 Westlife
  〈You Raise Me Up〉

태명을 지어 볼까?

초창기 재즈

이즈음 나는 잠도 잠이지만, 돌아서면 배가 무척이나 고팠다. 특히 평소 잘 먹지 않던 고기류가 엄청 당겼고, 싫어하던 매운 음식도 자꾸 찾게 되었다. 일어나자마자 삼겹살을 구워 먹기도 하고 매운 버섯 불고기 2인분도 혼자서 뚝딱~! 뷔페에서도 고기 위주로 수북이 쌓아 몇 접시를 비웠다. 고기가 간절하면 아들, 과일이나 야채가 생각나면 딸이라는 속설이 있던데, 살짝 '아들인가?'라는 생각이 들기도 했다.

'아아~~ 애는 들어섰고… 이제 뭐부터 해야 하나…'
낼모레가 40인데, 나이만 먹었을 뿐 임신과 육아에 대해서는 아는 게 하나도 없었다.

'그래, 이름부터 짓자!
이름을 불러 줘야 나에게로 와서
꽃이 되지 않겠어?'

본격적인 태교에 들어가기 전에 아기의 태명부터 짓고, 되도록 많이 불러 주어야겠다고 결심했다. 아직은 실감 나지 않는 나의 첫 임신과 엄마 되기 10개월 프로젝트(?)를 위한 소소한 준비 운동이 될 것 같았다.

태명은 주로 건강을 상징하거나 대박이, 황금이 등과 같이 재복을 상징하는 것, 또는 배 속 아기의 생김새나 태동을 묘사하는 콩알이, 꼬물이 같은 이름이나 태몽 혹은 아기 탄생과 관련된 장소, 사물을 본떠 짓는 경우가 많다고 한다.
솔직히 나는 노산이라 건강이 제일 걱정되었다. 그래서 '건강이', '튼튼이', '건튼이', '토실이', '도담이' 등등 건강한 아이를 염원하는 태명들을 후보군으로 삼았다. 이 중 그냥 심플하게 '튼튼이'로 하려고 했는데 이미 둘째 동생 아들 태명이었다는 말에 포기를 해야 했다.
결국 고심 끝에 '오복이'라는 다소 촌스러운 태명으로 낙점했다.

오복이란 인생에서 바람직하다고 여겨지는 다섯 가지 복으로 수壽, 부富, 강녕康寧, 유호덕攸好德, 고종명考終命을 말한다. 수는 장수長壽하는 것, 부는 부유한 삶을 영위하는 것, 강녕은 우환 없이 편안한 것, 유호덕은 덕을 좋아하고 즐겨 행하려 하는 것, 고종명은 천명天命을 다하는 것을 의미한다. 내가 염려하는 건강뿐 아니라 재복과 인성, 그리고 그 이후의 삶도 예견하고 있으니, 이 얼마나 일석다조인가! 촌스럽고 천해 보이는 이름일수록 장수한다는 옛말도 있고, 공부 잘하는 아이보다 예쁘고 잘생긴 아이보다, 타고날 적부터 복 많은 아이야말로 어느 누구도 따라올 수 없는 힘을 가진다는 말이 맘에 들기도 했다.

이름이라는 것이 그렇다. 작정하고 심사숙고해서 몇 날 며칠을 고민고민해서 만든 것이 채택되기보단 즉흥적이고 우연의 요소가 들어간 것으로 낙점된다. 또 그렇게 해서 지은 이름이 오히려 입에 착 감겨 달라붙는다. 더욱이 처음 의도와는 다르게 여러 의미들과 결합되어 더 중요한 다른 그 무엇이 되어 오래오래 회자되는 경우도 많다.

'재즈'라는 용어가 처음 사용되기 시작한 계기도 이와 비슷하다.

시카고의 한 카페에서 음악을 듣던 손님 중 한 명이 술에 취해 그냥 "Jass it up!죽여주네!"이라고 외쳤던 것이 지금의 'Jazz'의 기원이 되었다. 원래 'Jass'는 시카고 암흑가의 속어로 추잡하고 성적인 의미를 갖고 있었는데, 점차 그 본래의 의미를 잃고 음악의 한 장르로 변화한 것이다. 재즈에는 '비밥Bebop'이라는 장르도 있는데, 이 이름 또한 처음부터 어떤 거창한 의미가 있었던 것은 아니고, 노래를 즉흥으로 부를 때 "밥Bop~~비밥Bebop~~리밥Rebop" 하고 소리 지르던 것이, 음절 중 도드라지는 두 음표two-note의 리듬을 줄여서 아무 의미 없는 단어를 형성해 비밥이라는 용어가 생겨났다.

이처럼 태명도 의도치 않게 즉흥으로 붙인 그 이름이 나름의 생명을 갖고 우리 아기를 훗날 어떠한 운명으로 안내할지 예측할 수 없다. 지레 겁먹고 걱정할 필요가 전혀 없다.

이렇게,

나의 첫 아기의 태명 '오복이'가 탄생했다.

- 스캇 조플린 Scott Jopline
  〈Maple Leaf Rag〉
- 팻츠 월러 Fats Waller
  〈Honeysuckle Rose〉
- 빅스 바이더벡 Bix Beiderbecke
  〈I'm Coming Virginia〉
- 플래처 헨더슨 Fletcher Henderson
  〈Feeling Good〉

임신

5주

동요를 들었더니!

아이가 기억하는 '숫자 송'

드디어 병원에 갔다!

엎어지면 코 닿을 거리에 H 종합병원도 있고 B 산부인과 전문병원도 있었지만, 지하철로 두 정거장(택시로는 15분) 거리에 있는 S 산부인과 전문병원을 가기로 결정했다. 병원은 집 근처나 직장 근처가 제일이라고 한다. 하지만 H 종합병원은 가격대가 좀 나가 부담이 됐고, 가까이 위치한 B 산부인과는 우연히 지나가다가 의료 사고를 항의하는 잔인한 사진이 첨부된 플래카드를 본 터라 어쩐지 꺼려졌다.

아기집 속의 오복이는 말 그대로 콩만 했다.

그러나 심장 소리만큼은 우렁찼다!

이 콩알만 한 아기가
내 배 속에서 10개월간 숨 쉬고 자라면서
엄마인 내가 하는 행동을 보고 생각을 듣고
모든 것을 느끼게 된다니…

당장에라도 태교를 시작해야 한다는 의무감이 강하게 들면서 마음이 조급해졌다.

우선 서점에 들러 대부분의 임산부들이 산다는 임신, 출산, 육아 전반에 관한 개요를 담은 백과사전식의 큰 책과 학교로 왔다 갔다 하는 중에 볼 요량으로 임신, 출산 관련의 작고 가벼운 포켓형 책을 한 권 샀다. 머리 좋은 아이를 기대하며, 강아지와 고양이가 그려진 '퍼즐 피스 300개'와 '논어' 관련 책, 그리고 '태아 때 모든 것이 결정된다'식의 경각심을 일깨워 줄 태아 관련 책도 구매했다. 물론 음악태교를 위해 CD 매장에 들러, '최신 유아 동요'가 200여 곡 담긴 컴필레이션 앨범을 사는 것도 잊지 않았다.

얼마만의 동요감상인가!

내 기억에는 초등학교 이후로 한 번도 제대로 작정하고 동요를 부르거나, 들어본 적이 없었던 것 같다. 몇 해 전인가… 졸업하고 아주 오랜만에 연락이 닿은 제자 하나가 찾아와 아버지가 낸 CD 동요집이라며 들어보라고 주었다. 히트를 친 동요 제목이 무슨 과일 이름이었다. 아버지가 고인이 되시고 후에 저작권으로 월 몇백만 원 이상을 승계 받는다 하였는데, 속으로 '어떤 동요 길래, 저작권으로 그렇게 많은 수입을 얻을까?' 반신반의했다. 통상 6개의 앨범을 낸 나도 그 정도의 저작권료는 아직 꿈도 꾸지 못하기 때문이다. 뒤늦게 임신을 하고 동요를 듣던 중에야 비로소 그때 그 곡이 엄마와 어린아이들 사이에서 인기가 좋은 동요 중 하나인 〈멋쟁이 토마토〉라는 사실을 알았다.

솔직히 솔로일 때는 결혼해서 유부녀가 되고, 아이 엄마가 되고, 그러한 과정에서 겪게 되는 감정·환경의 변화, 그리고

그 속에서 맺게 되는 사물 · 사건 · 사람들과의 관계에 대해
전혀 관심이 없었다.

부모들은 아이를 통해,
자신의 삶을 거꾸로 되돌려
다시 사는 것 같은
무의식적 소망을 가진다고 하더니…

이렇게 입장이 바뀌어 어느새 예비 엄마가 되어 어렸을 적 엄
마랑 같이 동요를 배우고 따라 부르던 유치원, 초등학생 때의
'나'로 다시 되돌아가 가사 하나하나를 되짚어 보니, 머리가
아닌 가슴으로 받아들여졌다.

한참을 거실 소파에 걸터앉아 아직은 절벽인 배에 손을 대고
동요를 들으면서 따라 부르는데, 갑자기 〈숫자 송〉에서 눈물
이 핑 돌았다.

원 앤 투 앤 쓰리 앤 포 앤
원 앤 투 앤 쓰리 앤 포 앤
일! 일초라도 안 보이면
이! 이렇게 초조한데
삼! 삼초는 어떻게 기~다~려
사! 사랑해 널 사랑해
오! 오늘은 말할 거야

육! 육십억 지구에서 널 만난 건

칠! 럭키야!

사랑해 요기조기 한눈팔지 말고 나를 봐

좋아해 나를 향해 웃는 미소 매일매일 보여줘

팔! 팔딱팔딱 뛰는 가슴

구! 구해줘 오~ 내 마음

십! 십 년이 가도 너를 사랑해~

언제나 이 맘 변치 않을게~

숫자를 넣어 만든 단순하고 매우 유쾌한 곡이다. 그런데 "십 년이 가도 너를 사랑해~"란 가사에서 그만 눈물샘이 터지고 만 것이다. '촌스럽게 내가 왜 이러지? 왜 이렇게 눈물이 많아졌을까?' 순간 모든 광경이 배경이 되고, 십 년 아니라 앞으로의 십 개월이 그저 아득하게만 느껴졌다.

지금 내 아이가 그 노래를 열심히 부른다. 가르쳐 준 적도 없는데, 노래를 틀면 조곤조곤 잘도 따라 부른다. "언제나 이 마음 변치 않을게~" 노래 끝에는 하트까지 날리면서! 배 속에 있을 때, 내가 눈물을 글썽이며 열심히 불렀던 그 노래를 기억하고 있나 보다.

또 눈물이 나려고 한다…

Music for
Mom
&
Baby

입덧! 평온을 찾아

〈영산회상〉의 세계

임신을 확인하고 얼마간의 시간이 지나니 입덧이 시작되었다. 계속 속이 니글거리고 메슥거렸다. 특히 아침이 심했다. 초반에는 크래커 과자와 오렌지로 아침을 견뎠다. 냉장고를 열고 닫을 때 냄새가 역겨워지기 시작하더니, 김치같이 냄새가 강한 음식들을 입에 대기가 점점 힘들어졌다. 그래서 줄곧 빵이나 떡국, 국수 등 밀가루 음식만 입에 달고 살았다. 중간중간 껌을 씹기도 하고, 초기에는 시원한 것이 당겨 '셔벗류 아이스크림'과 '배'를 자주 먹었다. 어느 날은 멜론이 너무 먹고 싶어 마트에 갔는데 겨울이라 3만 원이 넘는 것이었다. 포기하고 대신 멜론맛 아이스크림을 먹었던 것이 지금까지 서러움(?)으로 남는다.

음식은 입에도 못 대고 쓰러지기까지 해 링거를 종일 맞았다는 친구에 비하면, 내 입덧은 그래도 점잖은 편이었다. 그저 급체한 듯 명치 끝이 아프고, 계속 소화가 안 되는 듯한 불편함으로 껄떡거렸다. 속이 너무 불편할 때는 소화제나 탄산음료라도 마시고 싶었는데, 신랑은 끝까지 아기를 위해서는 탄산음료는 금물이라며 나를 말렸다. 그 바람에 신랑과의 음식 한판 전으로 한동안 실랑이를 벌이기도 했다.

이렇게 몸과 마음고생의 난리통에 임산부의 심장이 마구 용솟음치는 빠른 음악은 피하는 것이 상책이라 판단되었다.

심신을 평안하게 하는 음악,
엄마 마음이 평온해지는
음악이 필요하다!

그런 의미에서 우리 전통음악, 그중에서 궁중음악은 탁월한 선택이었다. 뒤늦게 국악 대학원을 다닐 적, 전공 교수님 중 한 분이 예비 아빠셨을 때다. 그분은 부인에게 줄곧 우리나라 궁중음악, 정악正樂의 대표 곡 중의 하나인 〈영산회상〉을 들려주었다고 했다. 그래서 자기 딸이 머리가 좋은 것 같다며, 자랑하듯 말씀하셨다.

정악, 궁중음악은 민간 상류층 음악으로 느린 템포에 감정을 절제하고 명상성瞑想性을 우선시하는 것이 특징이다. 정악의 대표적인 곡으로는 〈영산회상靈山會相〉을 비롯해서 〈여민락 與民樂〉, 〈보허자步虛子〉, 〈낙양춘洛陽春〉, 〈정읍井邑〉, 〈도드리〉, 〈동동動動〉, 〈취타吹打〉 등이 있다. 이 중 내가 들었던 〈영산회 상〉은 관현악 반주로 노래하다가 기악 합주 형태, 변주곡 가락으로 변화·발전한 곡이다. 완결된 긴 한 곡이 아니라, 8~9 곡의 작은 곡들이 하나씩 모이고 연결되어 하나의 큰 곡을 이룬 모음곡집이라 할 수 있다. 처음에는 아주 느린 상령산에서 출발하여 조금씩 빨라져서 타령, 군악에서 마치는 형태로 이루어져 있다. 악기는 주로 거문고, 가야금, 세피리, 대금, 해금, 장고가 연주되고 경우에 따라서 양금이나 단소가 첨가되거나 복수 편성되어 연주가 이뤄지기도 한다.

이 곡을 듣고 있자니, 내가 마치 궁궐 한가운데 앉아 지극정성으로 수많은 궁녀들의 보살핌을 받는 아기씨를 잉태한 왕비가 된 듯한 느낌이 들었다.

태아에게 가장 편안한 소리는
엄마의 심장 박동 소리다.
엄마 심장 박동 소리와
비슷한 빠르기의 음악은
태아가 선호한다.

들고 있으면 긴장이 해소되고, 입덧으로 빨라진 심장 박동이 비로소 제자리를 찾아 몸과 마음이 이완되고 안정감을 되찾을 수 있었다. 그래서 딱히 약이 필요 없었다. 음악을 틀어 놓고 한숨 돌리면, 어느새 평안해졌다. 혹자에 따라서는 '정악은 오래되고 발전이 없어, 곧 박물관에 들어갈 음악, 더 이상 효용이 없는 음악'이라는 사람들도 있다. 하지만 내가 보기에는 적어도 입덧하는 임산부들이 사라지지 않는 한, 그 수요는 앞으로도 계속될 것으로 보인다.

• 영산회상 靈山會相
  〈상령산〉
  〈중령산〉
  〈세령산〉
  〈가락더리〉
  〈상현도드리〉
  〈하현도드리〉
  〈염불도드리〉
  〈타령〉
  〈군악〉

임신
6~10주

여기저기 아프고,
걱정 투성이

글렌굴드와의 동병상련

임신을 하니, 부적 지방에 있는 친정엄마가 보고 싶었다. 엄마가 해주시는 밥을 먹으며 몇 주 푸~욱 쉬다 오고 싶다는 생각이 간절했다. 때마침 방학이라 고민 않고 바로 부산행 KTX를 끊었다.

친정에 가기 전 진료가 있어 예약 시간에 맞춰 병원에 갔다. 그런데 담당 의사 선생님께서 난색을 표하며 말씀하시길, 유산기가 좀 있으니 특별한 일 아니면 무리하게 부산에 내려가지 말고 집에서 쉬라는 것이다. 아기집에 피가 고여 있어 아기가 잘 착상할 때까지는 '절대 안정'이 필요하단다. 덜컥 겁이 났다.

기차표 환불하고, 나는 당장 칩거에 들어갔다. 병원 가는 일 외에는 하루 종일 누워만 있었다. 맹숭맹숭 할 일 없이 시간 죽이기 뭣해서 이 기회에 미드^{미국드라마}를 독파할 요량으로 TV 앞에 이불을 깔았다. '로스트^{Lost}' 시즌 6까지 다 보고, '히어로즈 Heroes'도 시즌 4까지 정복했다. 이어 '모던 패밀리^{Modern Family}', '마이 네임 이즈 얼^{My Name is Earl}', '빅뱅 이론^{The Bigbang Theory}', '사이크^{Psyche}', '셜록 홈스^{Sherlock Homes}' 시리즈도 보았다.

머리도 감지 않고 샤워도 미룬 채 얼굴에 물이나 찍어 바르고 누워서 반송장처럼 지냈다. 중간에 하도 답답해서 임신 8주쯤에 신랑이랑 집 앞 영화관에 들러 잭 블랙^{Jack Black} 주연의

'걸리버 여행기'를 관람했다. 아니나 다를까 피곤함이 몰려왔다. 코앞 산책인 데도 무리였다. 아랫배가 생리통 하듯 아프더니, 밑이 빠지는 듯한 느낌이 들었다. 새벽에는 허리가 끊어질 것처럼 아파 자다 일어나 뜨거운 찜질팩으로 간신히 견디며 잠을 청하기도 했다. 손이 저리고 몸도 많이 부었다.

몸이 아프니 오만 가지 생각이 교차했다. 친정엄마 생각도 나고, 늙은 엄마 만나 오복이가 배 속에서 고생하나 자책도 되었다. 행여 오복이가 어떻게 되지나 않을까 걱정도 되고, 앞으로 엄마 노릇을 잘할 수 있을까 두렵기도 하고… 가만히 누워만 있으니 몸도 마음도 더 약해지고 예민해지는 기분이었다.

결국 불필요함에도 마음이 너무 불안하여 2주 뒤에 오라는 담당 의사 선생님의 말씀을 뒤로하고, 집 앞 종합병원에 들러 황체 호르몬 주사_{유산 방지 주사}를 미리 맞는 호들갑을 떨었다. 오복이가 잘 있긴 한 건지… 속을 볼 수 없으니, 초음파 기계를 집에 가져다 놓고 수시로 들여다보고 싶은 마음이 가득했다. 매 순간 몸 컨디션을 수첩에다 적었다. 인터넷을 뒤적여 자가 진찰도 했다. 여기도 아프고 저기도 아프고, 정말이지 안 아픈 데가 없었다. 내가 말하지 않는 한 제3자는 육안으로 봐서는 딱히 알 도리가 없으니, 꾀병으로 유난 떤다고 느낄 수도 있을 것 같았다.

재앙의 징조… 밤이면 땀을 쏟는다. 몸이 계속 안 좋다.
척추지압사… '감기'… 북구적 쾌락주의

잘츠부르크형 독감에 또 걸리고 말았다. 매일 저녁 열이 심하게 난다(현재 체온은 100.8℃, 이 정도의 체온 상승은 보통 사람이라면 심한 열에 속하지 않는다고 한다).
일요일 연주회는 취소해야만 했다.

혈압상승: 아무런 활동도 하지 않고서 저녁에 140/100
콧구멍: 대화 후에 막힘.
위장: 탈장 같은 증세가 '한 달 이상(!)' 계속

맥박일지: 기상 1시 45분-104, 2시 00분-104, 2시 15분-104, 3시 15분-102(대화를 활발히 나눈 뒤), 3시 30분-94…

바흐의 골드베르크 변주곡Goldberg Variations 연주와 연주 도중 허밍을 하거나 노래를 불러 재즈 피아니스트 키스 자렛Keith Jarrett, 1945~하고도 비견되는 유명 피아니스트 글렌 굴드Glenn Gould, 1932~1982는 매시간별로 자신의 맥박 변화를 일지에다 기록할 정도의 집착과 건강 염려증hypochondriasis, 애정 결핍 증세를 지닌 사람이었다. 그는 초조증, 대인관계 불안증, 만성 근육통, 불면증에다 완벽한 피아노 소리를 내기 위한 강박증과 무대 공포증, 오른쪽 얼굴을 자기도 모르게 씰룩거리는 가벼운 틱 증후까지 가지고 있었다. 하지만 증상은 있으나, 딱히 관찰되는 큰 병은 없었기에 검사 결과는 항상 이상 무無로 일관되었다. 그래서 그가 아픔을 호소해 와도 의사들 눈에는 또 으레 지르는 엄살로 받아들여질 수밖에 없었다. 그는 죽어가는 순간에도 전화를 걸어 "발작이 온 것 같다, 머리가 터질 듯이 아프다"고 고통을 토로했지만 주치의는 "별로 심각한 것 같지는 않은데요…"라며 늦장을 부렸다고 한다. 결국 의사들의 방심 속에 평생 걱정해왔던 콩밭이나 전립선, 뼈와 관절, 근육 등은 아니었지만, 평소 골골거리던 사람은 오래 산다는 속설을 깨고 글렌 굴드는 50살의 다소 젊은 나이에 세상을 달리했다. 그러나 아이러니하게도 그의 바흐 골드베르크 변주곡을 듣고 있으면, 진통제 한 알 삼킨 것 마냥 기분이 '상쾌'해진다. 연주 속에 녹아들어 간 그의 온갖 불안, 통증 등은 연주 안 어느 곳에서도 찾을 길이 없다. 느껴지지 않는다.

되레 동병상련의 안도감이 든다.

임산부의 괜한 걱정과 고통을, 이 연애다운 연애 한 번 못 해
보고 세상을 달리 한 '평생 독신남'이 "이미 나는 그 기분을
다 알고 있어"라는 투로 피아노에 녹여내고 있는 듯하다.

Music for
Mom
&
Baby

• 글렌굴드 Glenn Gould
⟨바흐의 골드베르크 변주곡 Bach-Variations Goldberg⟩
⟨Variations Goldberg – Aria⟩
⟨Variations Goldberg – Variation 1~30⟩
⟨Variations Goldberg – Aria Da Capo⟩

병원 대기 시간에

병원 배경음악, 앰비언트 뮤직

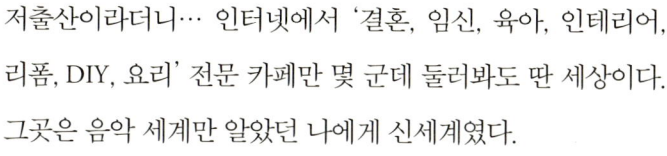

저출산이라더니… 인터넷에서 '결혼, 임신, 육아, 인테리어, 리폼, DIY, 요리' 전문 카페만 몇 군데 둘러봐도 딴 세상이다. 그곳은 음악 세계만 알았던 나에게 신세계였다.

임산부 세계도 이처럼 방대하고 조직적일 수 있구나!

한 번 짧게 만나는 담당 의사보다 더 친절하고 자세하게 내 일처럼 가르쳐 줄 수 있구나!

처음에는 감정이 이입되어 시간 날 적마다 컴퓨터앞에 죽치고 앉아 하루에도 몇 번씩 들락날락 방문해서, 거듭 읽고 물어보고 답하기를 반복했다. 하지만 인터넷의 양면성이 다 그러하듯 편리성, 익명성 이면에는 절대 100% 신빙성 있는 정보는 없음을, 광고성을 가장한 글은 미리 본인이 알아서 추려내야 함을 감안해야 했다. 태아 보험 추천 글도 그중 하나였다. 끝까지 책임지고, 사은품도 두둑하게 챙겨 받았다는 후기글은 실제 본인 경험담이라기 보단 소비자를 가장한 측근의

글짓기성 홍보글이 많았다. 헌데 순진한 나는 그럴듯한 글만 믿고, 쪽지를 보내고 전화했다가 한동안 귀찮은 휴대폰 메시지와 전화를 받느라 고생했다.

실손 보험이냐 생명 보험이냐, 주요 보장 내용은 무엇이냐, 만기 환급형이냐 순수 보장형이냐, 기간은 어느 정도이며, 태아 특약은 무엇이냐 등등 따져야 할 것은 많은데 딱히 설명을 들어도 이해하기 어렵고 선택도 쉽지 않았다. 며칠 고민하다가 복잡한 정보에 괜히 머리만 아프고 다른 할 일도 많은데, 오복이나 나나 스트레스를 받으니 그냥 사람들이 가장 많이 드는 조건을 물어 산부인과 정기검진을 오가며 상주하고 있는 보험 회사 직원에게 계약해 버렸다. '에르고 오가닉 아기띠'니 '다이치 카시트'니 하는 고가의 사은품은 못 받았지만, 마음만은 골치 아픈 큰 숙제 하나를 해치운 듯 후련했다. 20년간 꼬박꼬박 내 통장에서 빠져 나가겠지만, 아이가 특별히 아프지 않는 한 잊고 지낼 것이다. 존재해서 든든하지만 존재를 망각하고 지내는 것이 결과적으로는 아이가 건강하다는 것이니까, 좋은 일이다.

주로 병원은 신랑이 시간이 되는 토요일에 같이 갔다. 신랑이 원하기도 했거니와 나도 보호자가 같이 가야 든든하고, 혹시 모를 만일의 사태에 대비할 수 있기 때문이었다. 주말이라

주중에 비해 대기 시간이 무척 길었다. 무료함을 달래기 위해 철이 살짝 지난 주부 잡지와 육아 전문지를 계속 읽었는데, 보다 보니 글 사이로 처음에는 존재조차 몰랐던 음들이 들릴 듯 말 듯한 배경으로 귓속을 파고들었다.

앰비언트ambient 계열의 음악이었다. 앰비언트 뮤직ambient music은 화성harmony이나 멜로디melody 같은 전통적인 음악요소는 거의 사용하지 않고, 악기 자체의 음색이나 질감에만 초점을 두어 한 가지의 색·느낌·감정만을 표현하는 환경음악 혹은 배경음악background music을 일컫는다. 강요당하지 않고 즐길 수 있되, 동시에 무시할 수 있는 음악. 주위에 잔잔하고 은은하게 깔려, 늘 그 자리에 존재하는 가구처럼 있다는 자체를 망각하고 듣고 있다는 인식조차 잊을 수 있는 음악, 그래서 호텔, 백화점, 공항, 사무실 등지에서 자신의 일에 충실하면서 동시에 배경으로 들을 수 있는 음악이다.

어떻게 보면 최상의 음악이라고 할 수 있지 않을까?

음악을 업業으로 하지 않는 보통 사람들은 일상생활에서 자신이 희생되는 심각하고 어려운 음악을 원하지 않는다. 즉, 음악이 아닌 자신이 주가 되길 원한다. 심신의 안정을 최고의 미덕으로 삼는 임산부들은 더더욱 그렇다.

듣고 있지만 듣지 못하며,
존재하고 있지만
존재 의미를 부여받지 못하는 음악…
강요하지 않아도
저절로 수요하고, 잊고 있어도 존재하며,
여전히 내 일에 집중해도
방해받지 않는 음악…

어쩐지 가입한 보험의 존재 같았다.

아니다. 내 배 속에 꿈틀거리며 자라고 있는 생명 같을지도…

Music for
Mom
&
Baby

• 브라이언 이노^{Brian Eno}의 앨범

[Ambient 1: Music For Airports]

1/1
1/2
2/1
2/2

임신

11 주

좋은 음악… 좋은 음악…
자연을 닮은 음악

아기는 엄마 배 속에서
무슨
소리들을 들을까?

크게 엄마 '안'에서 나는 소리와 엄마 '밖'에서 나는 소리를 들을 것이다. 매일매일 엄마의 심장 소리를 들을 것이며, 엄마가 먹고 소화하고 배설하면서 내는 장운동 소리를 들을 것이다. 엄마가 내쉬는 호흡과 함께할 것이며, 온몸을 관통하는 혈류 소리를 들으며 잠을 청할는지도 모른다. 모두 24시간 엄마 '안'에서 나는 소리들이다. 엄마 '밖'의 소리는 어떨까? 아침을 알리는 자명종 소리, 설거지하면서 내는 그릇 부딪치는 소리, TV 소리, 자동차 소리, 엄마와 아빠의 대화 소리 등 '생활하면서 내는 소리'부터 자의적·타의적으로 듣게 되는 '음악 소리'가 있을 것이다.

임신 4주부터 배아embryo에 귀부분이 보인다고는 하나, 본격적인 음악태교는 태아가 엄마 몸속에서 나는 소리를 제대로 자각하게 되는 임신 12주, 즉 3개월부터 가능하다고 한다. 의학적 이론에 따르면 나는 이제 1주 남은 셈이었다. 몸에서 저절로 나는 '생리적 소리'와 환경에서 주기적 혹은 간헐적으로 경험하게 되는 '생활 소리' 말고, 내가 의도적으로 컨트롤할 수 있고, 골라서 들을 수 있는 것은 단연 '음악'일 테다.

다른 곳에서 채워주지 못한
'좋은 소리'에 대한
욕망을 충족시켜 주고 싶었다.

'좋은 소리', '좋은 음악'은 어떤 것일까?

사람마다 각자 자신만의 기준이 있다. 가요, 록, 팝, 재즈, 국악 등 장르의 선호도에서부터 어떤 멜로디, 편곡, 악기 구성을 쓰는가, 느린 곡인가 빠른 곡인가, 전체적으로 잔잔한가 클라이맥스climax가 있는가 등 곡을 구성하고 있는 조건에 따라 다양하다. 똑같은 음악이라도 언제, 누구와 어떻게 듣느냐에 따라 '음악에 대한 평'도 달라지게 마련이다.

라이브 연주의 경우, 한 연주가가 평소와 똑같은 레퍼토리로 실력 그대로의 수준의 연주를 제공했다 하더라도 어떤 청중은 잠이 오고 지루했다고 하고, 어떤 청중은 평생 잊지 못할 훌륭한 공연이었다고 찬사하며, 또 다른 청중은 정말 형편없는 공연이었다며 불평을 한다. 왜 이들의 반응은 다들 제각각일까?

'원래 이러한 음악의 성향을 좋아하는가, 아닌가?', '이러한 성향의 음악을 처음 들었는가, 두 번 이상 노출된 적이 있는가?' 등과 같이 음악을 받아들이는 청중 개개인의 오리지널 음악적 취향에 따라 '음악이 주가 된 가정환경에서 자라왔는가?' 아니면 '음악이라면 소음이라고 인식하고 있는 부모님의 자녀로 자라왔는가?' 등 성장 배경에 따라 혹은 그날 '커플들 사이에 홀로 끼여서 공연을 보았는가?', '공연장 안이 관람하기에 너무 덥지는 않았는가?', '스피커 앞이라 엄청 시끄럽거나 너무 멀리 있어 잘 들리지는 않았는가?' 등의 주변 환경에 따라 달라질 수 있다. 또는 '그 연주 음악과 관련된 이전의 추억이 있는가, 없는가?', '피곤한데 억지로 친구 따라 강남 가듯 왔는가?' 아니면 '어제 바로 수능을 치고 홀가분한 마음으로 공짜 표를 들고 왔는가?' 등의 컨디션 여부에 따라, 이밖에 '같이 간 사람이 연인인가, 어려운 직장 상사인가?', '그날 공연에 대한 사전 지식이 있는가, 아예 없는가?' 등등 다각도로 수천 가지의 직·간접요인들에 의해 영향을 받고 달라질 수 있다.

사실 좋은 음악에 대한
절대적 정답은 없는 셈이다.

그러함에도 불구하고 나에게 굳이

'좋은 음악'이 무엇이냐고 묻는다면, 주저 않고 '자연스러운 음악'이라고 답하겠다.

억지 부리지 않고 있는 그대로 흐르는 음악, 자연을 닮은 음악 말이다. 일부러 눈을 감고 주변의 새소리, 물소리, 바닷소리, 풀벌레 소리를 들어 본 적이 언제던가! 더 이상 도심에서는 듣기 힘든 소리들이다. 하지만 영혼을 맑게 해 주는 태초의 소리이자 악의없는 그대로의 소리이며, 내가 이 세상에 없어도 내 자녀들에게 물려 줘야 하는 아름다운 소리들이다. 좋은 소리이자, 최고의 음악이다. 듣고 싶지만 항상 들을 수 없고, 곁에 없기에 사람들은 은연중에라도 원시와 닮은 음악을 만들고 모방하려 든다. 재즈 피아니스트의 대가 허비 행콕Herbie Hancock, 1940~이 저 머나먼 중앙아프리카 적도 부근, 콩고에 사는 피그미족들의 음악에 관심을 두어 〈Watermelon Man〉을 피그미 퓨전pygmy fusion형식으로 연주한 것도 이와 같은 향수에 기원한 것일 테다.

이번 주는 둘째 동생과 신랑의 부축을 받으며, '베이비 페어 Baby Fair'에 갔다. 임신, 출산, 육아, 교육용품들을 파는 행사인데, 8~9월에는 막달이라 돌아다니기 힘들 것이라는 동생의 말을 듣고 힘든 몸을 이끌고 주말에 강남의 코엑스를 찾았다. 정말 인산인해였다. 물건도 너무 많고 미리 좀 알아보고 갔어야 했는데, 무작정 갔더니 뭐부터 사야 할지 어떤 브랜드가 좋은지, 도무지 알 수 없었다. 겨우 '튼 살 크림'이랑 중앙이 뻥 뚫린 '임부용 방석' 하나를 구입해서 손에 들고서는 뻗어 버렸다. 무리다. 힘들었다. 눈을 감고 사람들이 웅성거리는 소리를 들으며, 한참이나 앉아있었다. 저~ 멀리 피그미족의 호각소리가 나를 부른다.

자연이 부른다.
쉬어야 할 때다!

Music for Mom & Baby

• 허비 행콕Herbie Hancock의 앨범 [Head Hunters]
〈Watermelon Man〉

임신

12주

임신 중 연주 투혼

Flower You

이미 임신 확인 전에 공연을 승낙한 상태라, 이제 와서 취소하려니 죄송스러웠다. 하지만 유산기가 있다는데, 혹시 우리 오복이가 잘못되기라도 하며 어쩌나 걱정스러워 도저히 마음이 놓이지 않았다.

"선생님, 아무래도 그날 공연은 어려울 것 같아요. 임신을 했는데, 유산기가 좀 있다네요…"

"아… 어쩌죠? 이미 그날 협연자로 광고랑 홍보물이 다 나간 상태라, 지금 와서 번복하는 건 어려울 것 같아요. 저희 단원 중에 아기 낳기 하루 전까지 연주하다가 애 낳으러 간 사람도 있답니다. 크게 걱정하시지 않으셔도 되실 거예요. 임신 12주면 어느 정도 안정기이기도 하고요…"

결국, 항의 한 번 못해보고, 지휘자님의 설득과 권고에 나름 내 딴엔 목숨(?) 걸고, 공연을 감행하기로 했다. 국립국악원 대극장에서 열린 세종 국악관현악단과의 재즈 피아노 협연 무대였다. 협연곡은 내 1집 앨범에 실린 자작곡 〈Flower You〉 와 3집 앨범에 실린 〈Traces of CaTtrot〉, 그리고 강상구 작곡 의 〈아침을 두드리는 소리〉 이렇게 3곡이었다. 다행히 이전에 도 함께 연주한 적이 있었던 레퍼토리라 따로 긴 리허설은 필 요 없었다. 다만, 그때는 홑몸이었고 지금은 2인분이다.

어제까지만 해도 오복이를 핑계로 얼굴에 물만 찍어 바르 고, 집에서 반 잠옷 차림으로 누워서 먹고 자고 빈둥거렸는 데, 한순간 '변신'을 하고 오랜만에 대중 앞에 선다는 것이 조 금은 생소하게 느껴졌다. 아침부터 손 풀고, 화장을 하고, 머 리 하러 가고, 의상을 골랐다. 무대 서기 직전에 갈아 신을 높 은 구두도 챙겼다. 원래 저질 체력이라 결혼하기 전에도 차려 입을 때 빼고는 평상시에는 숨도 쉬기 귀찮아했다. 오죽했으 면, '인간이 몸은 없고, 머리만 떠다니는 동물이면 얼마나 좋 을까? 옷 입을 필요도 걸어 다닐 필요도 없고, 머리만 쓰면 되 니…'라는 생각까지 했을까? 그러다 보니, 가끔 웹상의 나와 무대 위 재즈 피아니스트로서의 나, 그리고 평상시 생활인으로서의 나를 눈으로 직접 확인한 사람들은 '사진발이 좋은가 봐요~' 하며 나에게 한 마디씩 던진다.

사람들은 겉모습만으로도 그 사람의 취향, 지성과 유머, 센스, 더 나아가 그 사람의 생각, 판단, 정치사상, 생활방식까지도 판단하곤 한다. 설사 그것이 다 맞아떨어지지는 않더라도. 아무튼 무대 위의 나는 온전히 음악가이지, 어느 누구도 내가 유산기가 있는 12주차 임산부라는 사실을 봐주지 않는다. 아직 겉으로 잘 티가 나지도 않을뿐더러, 그런 동정을 등에 업고 무대에 서는 것은 연주자로서, 또 여자로서 공평하지 않은 처사이다. 그래서 심적으로 더 어려웠다. 프로로서 공과 사를 구분하고 주어진 임무에 철저해야 하는데, 한편으로는 다른 사람들이 조금이라도 내가 임산부임을 미리 눈치채고, 알아서 배려해 주길 바라는 마음이 드는 것도 사실이었다. 감사하게도 협연은 무사히 잘 마쳤다. 대기 시간 내내 수분을 보충하고, 비스듬히 누워서 배를 쓰다듬어 줘서 그런지 심한 배 뭉침 증상은 없었다.

나의 로망 중 하나가 연주여행에
아이를 데리고 다니는 것이다.

전 세계를 누비며,
아이와 연주도 하고 여행도 같이 하는 삶!
생각만 해도 가슴이 벅차오른다.

그렇다고 아이가 음악을 했으면 하는 바람은 없다. 그런데
엄마 배 속에서부터 음악 수업에 연주활동, 녹음 등이 줄지
어 기다리고 있으니, 문득 나중에 커서 음악을 하겠다고 덤
비는 건 아닌지 벌써부터 걱정이 된다. 정말 그것만은 말리
고 싶다.

- 이노경
  〈Flower You〉
  〈Bridge Over The Charles〉
  〈Man—Go Tango〉
  〈Moving Soon〉
  〈Red River Valley홍하의 골짜기〉
  〈Forbidden Land몽금포 타령〉
  〈Traces Of CaTtrot〉

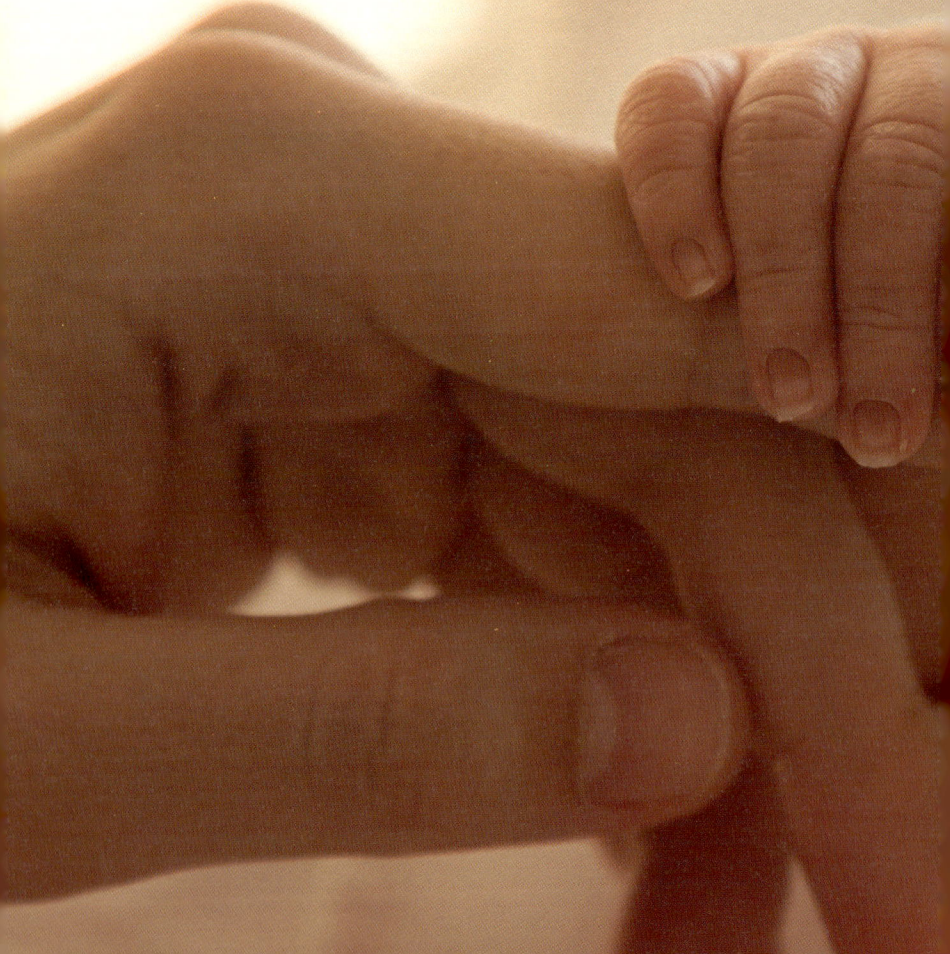

엄마가 되어가는 중

빌 에반스와 모성애

처음부터 좋은 사람이 있는가 하면, 처음엔 별로였는데 보면 볼수록 좋아지는 사람이 있다. 나에게 있어 재즈 피아니스트 빌 에반스Bill Evans,1929~1980는 후자에 해당된다. 선명한 터치와 유려한 스케일보다는 적은 음이라도 멜로디 라인이 예쁜 연주자를 선호했던 나는, 페달이 한껏 들어간 듯 윙윙거리는 사운드에 두꺼운 화성을 겹겹이 쌓아 음 하나하나가 정확히 들리지 않는 그의 즉흥 연주 스타일이 처음에는 맘에 들지 않았다.

그런데 당시만 해도 내가 우상으로 여기며 숭배하던 재즈 피아니스트 키스 자렛과 신예였던 브래드 멜다우Brad Mehldau, 1970~, 그리고 저 유럽의 토드 구스타브센Tord Gustavsen,1970~, 보보 스탠손Bobo Stenson, 디디에 스퀴방Didier Squiban과 같은 다소 생소한 이름들 모두, 빌 에반스의 영향을 음으로 양으로 받은 뮤지션이라는 타이틀이 따라다녔고, 나는 숙제하듯 빌 에반스를 들을 수밖에 없었다. 계속 듣다보니, 세뇌가 된 것인지 나의 음악 취향이 해가 바뀜에 따라 변한 탓인지 같이 했던 추억이 오버랩 된 까닭인지는 정확히 가려내기는 힘들지만, 지금은 너무 좋다.

그릇 부딪히는 소리, 사람들 소근 대는 소리까지 상세하게 들리는 그의 앨범 [Waltz For Debby]를 듣고 있노라면, 마치 나도 그날 그 자리, 뉴욕 빌리지 뱅가드Village Vanguard 구석 자리에 앉아, 그와 함께 연주하고 있는… 그런 착각이 든다. 비 오는 날, 창밖을 보며 커피 한 잔에 듣는 빌 에반스 또한 얼마나 고혹적인지!

첫인상이 강렬하진 않아도
시간이 갈수록 좋아지는 인연이
결국에는 오래간다.
그게 진짜가 아닐까.

모성애는 어떨까?

처음부터 타고나는 것일까? 아니면 아예 없거나, 작았다가 점차 커지는 것일까? 영화 '벤자민 버튼의 시간은 거꾸로 간다(2008)'를 보면, 주인공 벤자민은 정신은 신생아인데 몸은 80세의 얼굴로 태어난다. 그리고 점차 나이가 들수록 몸은 젊어지고, 마음은 늙어간다. 비록 자식이 태어날 때부터, 벤자민처럼 추한 늙은 노파의 몸으로 젖을 찾고 무조건적인 희생을 요구하며 이것저것 해달라며 시도 때도 없이 나를 부려 먹어도, 모성은 타고난 본능이라 태어난 즉시 보자마자 사랑스러울 수밖에 없는 것일까? 아니면 나와 똑같이 닮은 눈을 하고 태어나, 조막만 한 손으로 먹고 내 손바닥보다 작은 발로 아장아장 걸음마를 하며 "엄마~" 하고 첫 말을 떼고 애교 부리고 손짓하며, 울고 웃던 그 세월이 점차 쌓이고 쌓여 어떠한 미운 짓을 해도 예뻐 보이는 것일까?

솔직히 처음엔 실감이 나지 않았다. 눈에 보이지는 않고 내 몸만 아프고 불편하니, 엄마라는 이름으로 포기해야 할 이유들만 억울하고 안타깝게 여겨졌다. 그런데 1차 정밀 초음파를 찍던 날, 이제는 대충 머리나 팔, 다리 구분이 명확해져서 의사 선생님이 하나하나 손으로 지적해서 알려주지 않아도 선명하게 오복이 모습이 보이기 시작했다. 얼굴을 자세히 보고 싶었으나, 고개 숙이고 팔을 뻗어 엄마 자궁벽에 안겨서 잠만 청하는 오복이… 어쩜, 수줍음이 많은 아이인지도 모르겠다 생각했다.

초음파 화면을 쳐다보고 있으려니,
갑자기 울컥하며 솟구쳐
벅차오르는 감정에 눈물이 났다.

'이렇게 쌓이는 걸까? 모성애도…'

• 빌 에반스^{Bill Evans}

⟨Waltz For Debby⟩

⟨My Foolish Heart⟩

⟨Here's That Rainy Day⟩

⟨How Deep Is The Ocean⟩

⟨Someday My Prince Will Come⟩

⟨I Should Care⟩

⟨Alice In Wonderland⟩

임신

14주

서글프다,
오히려 신나게!
Take The ‘A’ Train

임산부라면 누구나 지하철 자리 앉기에 대한 고충을 충분히 이해할 것이다. 경험상으로 육체적으로 임신 초기와 말기가 제일 힘들었다. 배불뚝이 말기 때는 그나마 겉으로 표가 나니 상대적으로 덜 하지만, 초기에는 배도 나오지 않으니, 말하지 않으면 주변 사람들은 잘 알지 못한다. 정말 서 있기가 힘들 때가 많았다. 3월부터 개강이라 학교에 강의를 하러 지하철을 타고 왔다 갔다 했는데, 정말 순간순간 서러워서 울컥한 적이 한두 번이 아니었다.

노약자석의 나이 드신 분들(특히, 임신 경험이 전무한 할아버지들), 일반석의 자는 척하거나 휴대폰을 만지작거리며 딴청 피우는 젊은이들, 한때 자신도 임산부였음을 망각하고 빤히 쳐다만 보고 자리를 양보해 주지 않는 아줌마들이, 그 순간에 그렇게 밉고 원망스러울 수가 없었다. '이 세상에 신랑이나 가족들 말고는 어느 누구도 임산부편이 아니구나!' 좌절까지 들었다.

일부러 아직은 보일락 말락 한 작은 배를 제발 좀 보라고 바로 앞에서 쓰다듬고, 눈앞에서 짐까지 들고 휘청거려도 봤지만, 대부분이 봐도 보이지 않는 척 눈을 감거나 시선을 아래로 두었고, 혹은 옆 사람과 얘기를 나눴다. 나름 착해 보이는 젊은 직장인들과 손자, 손녀들이 있어 보이는 점잖은 할머니, 할아버지 앞에 서보기도 했지만, 확률은 저조했다. 서울에서 안성까지 강의를 하러 가는 날에는, 그저 뉴욕의 할렘가로 향하는 급행열차인 "A-Train"처럼 중간 간이역은 모두 생략하고, 쌩쌩 달려 바로 목적지에 도착했으면 하는 간절한 바람뿐이었다.

임산부라서 너무 서럽다

아침에 맘껏 다리 뻗고 기지개 켜지도 못하고

신호 바뀌는 건널목 빨리 뛰어 건너지도 못한다

지하철 노약자석에 앉기도 눈치 보이고

일반석에 서서 자리 양보받기도 민망하다

하지만 서서 가는 건 더욱 고역이다

여자도 어머니도 아닌 것이 동물처럼 뒤뚱거리며

음식만 축내는 뚱보 몸을 보고 있노라니

내 인생의 마지막 지는 꽃을 보는 마냥 서글프기 그지없다

결혼해도 남자는 그대로인데

여자는 아줌마가 되기 위한 변종 과정으로 여성을 잃는다

딱 맞는 예쁜 옷도 못 입고

그렇게 불편하다 불평하던 하이힐도 그립고

싸워서 남편이 남의 편이 되는 날이면

배 속의 아이도 이유 없이 미워진다

그 누구의 소유도 사랑의 결실도 아니라면

낳아서 무엇 하나

자신도 임산부가 될 것이거늘

자신도 예전에 임산부였을 것이거늘

자신의 아내도 임산부 되거나 임산부였고

자신의 어미도 임산부였기에

자신이 이 세상에 숨 쉬고 있는 것이거늘

왜 이리도 직접 경험치 않았거나

현재가 아닌 과거가 되었거나

미래가 될 것이라는 이유만으로

사람들은 임산부에게 야박할까?

임산부라서 너무 서럽다

임산부라는 이름 하나만으로 모든 게 서럽다

지하철 손잡이에 2인분 몸을 의지한 채,
나는 그렇게 시를 읊었다.
〈Take The 'A' Train〉을 들었다.

- 오스카 피터슨 Oscar Peterson
  ⟨Take The 'A' Train⟩

- 듀크 엘링턴 Duke Ellington
  ⟨Take The 'A' Train⟩

- 리사 오노 Lisa Ono
  ⟨Take The 'A' Train⟩

나는 당신을 원하는 바보

재즈 디바 3인방

재즈 역사에 길이 남을 여성 재즈 디바Diva 3인방 하면 우리는 주저 않고 빌리 홀리데이Billie Holiday,1915~1959, 엘라 피츠제럴드Ella Fitzgerald,1917~1996, 사라 본Sarah Vaughan,1924~1990을 떠올린다.

우선 섬세하면서도 블루지하고 슬픈 목소리를 지닌 빌리 홀리데이는 예전 CF 배경음악으로 쓰인 〈I'm A Fool To Want You〉라는 곡으로 우리나라 사람들에게 친숙하다. 그녀는 11살에 강간을 당하고 이혼한 어머니와 뉴욕으로 이주, 할렘에 있는 여러 클럽을 전전하며 생계를 위해 팁을 받고 노래를 부르기 시작했다. 목소리만큼이나 우울한 생애를 보냈지만, 그녀의 독특한 사운드는 어느 누구도 모방할 수 없으며, 그 영향력은 지금도 같은 재즈 싱어들은 물론이고, 여러 다양한 방면으로 확장되고 있다.

엘라 피츠제럴드는 모던 재즈의 위대한 보컬리스트 중 한 사람으로 기억된다. 음역은 3옥타브로 높았고, 즉흥연주 기술은 혼horn과 같았다. 그녀 나이 15세, 교통사고로 하나뿐인 어머니를 잃고 어려운 어린 시절을 보내기도 하였지만, 당시 유명했던 할렘의 아폴로극장에서 "Amateur Nights"를 통해 데뷔 무대를 가지면서 인지도를 쌓아 점차 솔리스트로 활약하게 되었다. 잘 알려진 재즈 스탠더드 곡부터 생소한 음악에 이르기까지 재즈 마니아가 아닌 일반대중들 또한 친숙하게 그녀의 목소리를 접할 수 있도록 [송북 시리즈the Songbook series] 같은 앨범들을 발매하여 만능 엔터테이너로서의 자질을 선보이기도 했다.

우리에게는 영화 '접속'의 주제곡 〈A Lover's Concerto〉로 더 친숙한 사라 본은 신실한 기독교 집안에서 태어나 7살 때부터 피아노를 배웠고, 교회 성가대에서 노래도 불렀다. 처음에는 빅밴드에서 싱어가 아닌 피아니스트로서 활약을 하다가 점차 보컬 솔리스트로서 재즈뿐 아니라 팝 영역까지 확장하였다. 남편을 매니저로 두고 활발한 음악활동을 펼쳤으나 개인적으로는 아이가 없어 딸아이를 입양해 길렀는데, 오랜 술과 흡연으로 폐암 진단을 받고 딸이 보는 앞에서 숨을 거두었다.

병원에 갔다가 문득 여자 목소리가 듣고 싶어졌다. 그것도 아주 구성지게 잘~ 부르는, 지금의 내 우울한 마음을 충분히 토닥여 줄 만한 여성 재즈 보컬의 음성 말이다. 무리해서 제주도 태교여행을 가기로 결정하고 먼 길 떠나기 전, 오복이 상태를 점검하고 가야 맘이 편할 것 같아서 평소 다니던 산부인가 아닌 학교 근처 산부인과에 들러 임시 진단을 받았다.

"아무 이상 없으니까, 걱정 말고 편히 다녀와요."
"다행이네요. 근데, 혹시… 성별을 알 수 있을까요?"
"아직은 장담하기 이른 시기이긴 한데, 남자아이 같아요."

순식간에 우울함이 찾아왔다.

돌이켜 보면, 뉴욕에 갓 도착해서 하숙을 할 때였던 것 같다. 하루는 하숙집 할머니네 아들 가족이 놀러 왔는데, 문을 열고 들어선 부모와 공주 옷을 입은 하나뿐인 딸의 단란한 모습은 아직까지도 나의 뇌리에 강하게 남아있다. 딸 셋이서 평생 북적거리며 나눠 살던 나에게 외동딸이 주는 메시지는 모든 게 다 용인되고, 모든 걸 다 누리며 사는 말 그대로 공주의 이미지였던 것이다. 그때 나는 막연히 '구질구질한 대가족'보다는 '훨훨 소가족'의 경제적 · 정신적 풍요로움을 선택하겠다, 하나만 낳되 나와 닮은 공주 같은 딸을 낳겠다는 딸 판타지를 품은 듯하다. 아들을 낳으면 신랑에게 주는 느낌이고, 딸을 낳으면 내 소유가 하나 생긴다는 근거 없는 욕심을 품고, 그렇게 여자아이기를 바랐건만… 초기에 고기가 당기더니, 막냇동생이 내 태몽으로 큰 바다에 감색 돌고래 떼들이 점프하며 수영하는 꿈을 꿨다더니, 역시 속설만은 아니었구나! 병원을 나서는데, 분홍 옷 곱게 차려입은 여자아이들만 계속 눈에 밟혔다.

집에 와서 빌리 홀리데이의 노래를 무작정 들었다.
⟨I'm A Fool To Want You⟩
나는 당신을 원하는 바보랍니다.

내 마음인 양 비수가 되어
가슴 정중앙에 꽂혔다.

- 빌리 홀리데이 |Billie Holiday
  ⟨I'm A Fool To Want You⟩
  ⟨Body And Soul⟩

- 엘라 피츠제럴드 Ella Fitzgerald
  ⟨I Let A Song Go Out Of My Heart⟩
  ⟨Cheek To Cheek⟩

- 사라 본 Sarah Vaughan
  ⟨A Lover's Concerto⟩
  ⟨Over The Rainbow⟩

임신
15주

둘이서 모든 것
훌훌 버리고
제주도의 푸른 밤

나는 '여행'을 좋아한다.

일상이 아닌 타지에서의 생활과 경험, 늘 보던 환경과 사람들이 아닌 이전과 다른 세계와의 접촉은 항상 나를 자극하고 변화시키고 발전시켜왔으며, 때로는 나의 선택과 결정, 생각에 큰 영향을 끼쳐 왔던 것 같다. 이는 우연을 가장해서 다가오기도 하고, 결과 도출을 위해 다시 시작하거나, 이전부터 해오던 것을 일단락 맺기 위해 일부러 스스로 만들어 내기도 하였다. 생각해 보면, 의도적이든 비의도적이든 내 인생의 터닝 포인트는 이런 나의 직·간접적인 노력에 의해 만들어지고, 다듬어졌던 것 같다.

교환학생으로 미국 앨라배마 대학교University of Alabama에 갔다가 우연히 들른 뉴올리언스New Orleans에서의 여행 경험은 나의 터닝 포인트 중 하나이다. 그 여행은 그때까지 심리학을 공부하던 나를 재즈 뮤지션의 길로 인도했고, 귀국 후 바로 떠난 5년여의 미국 보스턴, 뉴욕에서의 유학생활은 나를 현재의 음악 하는 나로 만들었다.

그리고 지지부진하던 첫사랑의 미련을 끊고 정리하기 위해 혼자 유럽 배낭여행을 떠났으며, 청혼해 준 지금의 신랑에 대한 마음을 결혼 전에 다시금 내 잡기 위해 상견례를 1달 남겨두고 아프리카 봉사 활동을 떠나기도 했었다. 그 외에도 짬을 내어 다녀온 캐나다와 중국, 일본 등 동남아 여러 나라들로의 여행, 신혼여행으로 떠난 뉴칼레도니아까지!

길었든 짧았든…
여행은 항상 나의 영감을 자극하고,
다음 길을 가이드 해 왔다.

그런데 결혼하고 거기다 임신까지 하고 보니, 멀리 여행 떠나기가 생각보다 쉽지 않았다.
"적어도 향후 3~5년은 꼼짝 말고, 국내에 있어야 한다고 봐야 할 걸?"

먼저 결혼하고 두 아이를 키우느라, 첫째 아이가 9살이 되서야 비로소 미국 시누이댁에, 그것도 아이들 여름 캠프 때문에 쫓아 갔다 온 막냇동생이 엄포를 놓았다.

갑자기 기운이 빠졌다.

'정말 결혼과 임신, 육아가 내 여행 로망에 평생 족쇄가 될까? 아냐! 멀리는 못 가지만, 그간 둘러보지 못한 국내 여행지만이라도 오복이가 배 속에 있을 때, 다녀와야겠어!!'

임신 4개월(12~15주)부터는 태반이 완성되어 유산의 위험이 비교적 적은 때라고 한다. 가벼운 산책이나, 운동, 문화체험하기에 어려움이 없으며, 대략 임신 4개월에서 7개월 사이(13~28주)가 되는 '임신 중기'는 가장 안전한 시기로 '태교여행' 하기에도 별 무리가 없단다.

나는 바로 짐을 싸서 임신 15주차, 제주도 2박 3일 태교여행을 감행했다. 그동안 해외만 돌아다녔지, 제주도는 고등학교 2학년 때 가족들과 가보고 처음이다. 항공 마일리지가 있어 제주도까지는 비행기를 타고, 도착해서는 차를 렌트하기로 했다. 항공 예약을 할 때, 임산부라고 했더니 자리도 앞 넓은 곳으로 지정해 주고, 미미하지만 방사선 노출에 대비해 보안 검색대도 그냥 통과토록 해 주었다. 제주에는 점심쯤 도착했다. 도착하자마자 '먹방'이 시작되었다. 점심은 제주시에 있는 향토식당에서 성게미역국과 전복 뚝배기를 먹었고, 저녁은 호텔이 있는 동부권으로 차를 달려 제주 은갈치 조림이랑 옥돔구이를 시켜 먹었다. 다음날 점심으로는 제주 흑돼지를 먹고, 다시 입가심으로 제주 명물, 황금룡허브햄 버거를, 마무리는 오설록 박물관에서 녹차 아이스크림과 블랙 티 다꾸와즈로 하였다. 물론 바닷가라 저녁에는 유명 횟집에서 상다리가 휠 정도의 회 큰상을 받았다(아직 3월이라 날이 추워 회는 안전하다고 회유하며 간 곳이다). 드라마 '올인'의 촬영지로 유명한 섭지코지와 서귀포시에 있는 주상절리, 그리고 중문 관광단지 내에 있는 테디베어 박물관에 들려 관광도 했다.

태교여행은 절대 무리하지 않고, 기분 전환한다는 마음으로 편하게~ 먹거리 위주로~ 자연과 더불어 가벼운 산책과 함께, 태담태교도 하면서 여유 있게 둘러보고 이동해야 한다. 그런데 태아에게 다양한 경험과 자극을 주어야 한다는 명목하에 너무 욕심을 부렸던 것 같다. 차로 이동 중에도 앞좌석을 최대한 뒤로 해서 반 이상 누운 자세로 보냈는데도 불구하고 장시간은 무리였나 보다. 아직 입덧이 덜 가신 탓인지, 제주도 음식이 입에 맞지 않아서인지, 아기가 중간에 엄마 먹을 걸 가로채서인지, 아무리 산해진미가 눈앞에 있고 맛집이라고 해서 먹어도 속이 헛헛(?)한 게, 맛있다는 느낌도 감동도 받을 수 없었다. '둘이서 모든 것 훌훌 버리고' 떠난 여행이 아닌 '꾹꾹 채워서 포화 상태'가 되어 다시는 못 올 것 같은 고단한 여행이 돼버렸다. 준비가 덜 된 상태에서 짧은 시간 안에 너무 오감을 혹사시킨 것이다. 주의를 요해야겠다.

Music for
Mom
&
Baby

• 최성원
〈제주도의 푸른 밤〉

• 성시경
〈제주도의 푸른 밤〉

• 인공위성
〈제주도의 푸른 밤〉

임신
16주

아빠가 들려주는
태고동화

남성 재즈 보컬

남성 재즈 보컬 앨범을 들으며 자축을 했다!

스캣scat(무의미한 음절로 가사를 대신해서 리드미컬하게 흥얼거리는 것) 보컬 창법의 창시자이자 트럼펫 연주자인 루이 암스트롱Louis Armstrong, 1901~1971뿐만 아니라, 피아니스트 냇 킹 콜Nat King Cole, 1917~1965, 기타리스트 조지 벤슨George Benson, 1943~, 트럼펫 연주자 쳇 베이커Chet Baker, 1929~1988까지 모두 연주자인 동시에 가수다(재즈 보컬의 계보는 알 재로Al Jarreau, 1940~, 바비 맥퍼린Bobby Mcferrin, 1950~ 등을 통해 오늘날까지 이어오고 있다). 재즈가 아니더라도 블루스의 대부 B.B. 킹B.B.King, 1925~이나 팝의 스티비 원더Stevie Wonder, 1950~, 프린스Prince, 1958~ 역시 보컬과 악기를 동시에 다룬다.

남성 보컬의 저음이 주는 안락함과
노래와 일체가 된 악기 연주를
동시에 듣고 있노라면,
아빠가 읽어주는 태교동화 몇 권을
섭렵한 기분이다.

성별 하나로 이렇게 심적 여유를 부릴 수 있다는 사실이 놀랍기만 하다. 이제 둘째를 낳지 않아도 되고, 외동딸 판타지를 포기하지 않아도 된다. 무슨 얘기냐면, 한 주 만에 우리 오복이의 성별이 바뀌었기 때문이다! 제주도로 태교여행을 다녀와서 다시 받으러 간 정기검진 때, 다니던 병원 담당 의사 선생님께 물었더니,

"분홍색 준비하세요." 하는 것이다.

순간 나는 괴성을 질렀다.

"와아~정말요?! 정말로 딸이에요???"

"네에~!"

"저번 주에 잠깐 다니러 간 병원에서는 아들이라고 했거든요."

"초기라 정확하지 않을 수도 있어요. 하지만 지금 내가 보기엔 98% 분홍색이에요."

라고 말씀하시는 게 아닌가! 정말 기뻤다. 평생 친구 하나가 생긴 기분이었다.

"아들이라고 해서 딸아이들만 보이더니, 딸이라고 하니까 이제 남자아이들만 보이네."

중얼거리며 뒤따라오는 남편을 뒤로하고, 난 속으로 다짐했다.

'휴~ 아들이면 하나 더 낳으려

고 했는데, 딸이라니! 내 인생에 자식은 오복이 하나야!!'
유난히 저음으로 깔리는 쳇 베이커의 〈My Funny Valentine〉,
이제 유종의 미를 거두려는 듯, 더욱 애잔하고 구슬프게 들린
다. 하지만 내 마음만은 십 년 묵은 체증이 내려간 듯, 가볍기
만 하다.

Music for
Mom
&
Baby

- 루이 암스트롱 Louis Armstrong
  〈La Vie En Rose〉
- 쳇 베이커 Chet Baker
  〈My Funny Valentine〉
- 냇 킹 콜 Nat King Cole
  〈Quizas, Quizas, Quizas〉
- 조지 벤슨 George Benson
  〈This Masquerade〉
- 스티비 원더 Stevie Wonder
  〈Ribbon In The Sky〉
- 바비 맥퍼린 Bobby Mcferrin 의 앨범 [VOCAbuLarieS]
  〈Baby〉

출산의 두려움

요가음악 들으며, 명상

이론적으로 13주 이상부터 요가가 가능하다고 한다. 이상이 없다면 출산예정일 직전까지 할 수 있다는 말에, 벼르고 벼르다 집 근처에서 운영하는 '워킹 맘을 위한 아기 사랑 임산부 요가'에 등록했다. 임신 중 요가는 혈액 순환에 좋아 각종 트러블을 예방해주고 호흡법을 익히며 근육을 단련시켜 순산에도 도움이 된다고 한다. 일주일에 같은 시간대를 정해서 3회 이상, 하루 15~20분 정도 하되, 몸에 무리가 가지 않는다면 30~40분간 하는 것이 가장 효과적이란다.

나는 일주일에 한 번 강좌를 듣고, 평소 짧은 스트레칭을 하는 정도로 실천해 왔다. 요가는 공복에 하는 것이 좋고 목욕 직후는 피하는 것이 좋으며, 특히 임산부의 경우 중간이라도 아픈 데가 있으면 약간의 통증이라도 동작을 멈추고 쉬라고 했다. 임신 중에는 아픔을 덜 느끼게 하는 호르몬이 분비되기 때문에 무리하기 쉽기 때문이란다.

요가를 하니,
마음이 안정되었다.
잔잔한 음악과 함께하는 명상은
잠시나마 출산에 대한 두려움을 잊게 하였다.

담당 강사의 '우주의 진기를 태아에게 공급합니다!'로 시작
되는 호흡, 무릎 운동, 물고기 자세, 다리 강화 체조, 고양이
자세, 박쥐 자세 등 시기에 맞는 동작들을 통해 자주 쓰지 않
는 근육을 유연하게 해 주고, 골반과 회음부를 탄력 있게 만
들어 주었다. 평소 아팠던 허리나 관절, 그리고 몸이 붓는 증
세가 조금은 완화되는 듯했다.

더불어 간간이 신랑과 함께 각 단체에서 하는 '부부 순산체조', '부부 태교', '부부 라마즈 특강' 등을 병행해서 들으러 다녔는데, 은근히 신랑도 재미있어하고 강좌를 통해 태어날 아기에 대한 애정과 책임감도 더 느끼게 되는 것 같아 좋았다. 임신 중의 만성 불안은 사산 증가, 태아 발육 지연, 태반의 형태학적 변화를 일으킬 수 있다는데, 요가를 통해 몸도 마음도 밝고 따뜻하게 안정적으로 만들 수 있어서 다행이라 여겨졌다.

요가 등록 당시에는 내 배가 제일 작았는데, 달을 거듭 넘기고 막달이 되자, 몸 구부리기도 힘들고 호흡도 점차 가빠져 동작 따라 하기가 쉽지 않아졌다. 그리고 전 주만 해도 보이던 임산부들이 하나둘씩 포로수용소에 끌려가듯(?) 아기를 낳으러 소리소문없이 사라지는 모습을 보고 있노라니, 두려운 마음이 드는 건 어쩔 수 없었다.

기대가 되면서도 떨려왔다.

"Take a long deep breath. Say thank you for that breath. Take another deep breath and learn the dance of your mind. Feel relaxation come into you now from the top of your head. Feel love and relaxation enter slowly and gently from the top of your head... and melting down your face and dripping into your ears... and filling your eyes... filing your nostrils... and filling your throat... just simple love... and relaxation... filling your neck... filling your shoulders... your chest and your upper back... filling your lower back and stomach. Feel this love and relaxation drip down into your heart... and kidneys... feel it bellowing in your lungs... deep inhalations... of love and relaxation... deep exhalations... of love and relaxation... feel it melting down into your arms and hands... melting your wrists... down into your hips... thighs... knees... calves... ankles... and feet... Imagine now that you are only love and relaxation... that's all that's left..."

-By Kenny Werner

- 테리 올드필드 Terry Oldfield

 〈The March Of A Thousand Days〉

- 친마야 던스터 Chinmaya Dunster

 〈Purnima Namashkar〉

- 도이터 Deuter

 〈Sea And Silence〉

솔로냐, 듀오냐, 트리오냐?

이상은보다는 '엄마' 이노경

임신 18주, 나는 지인의 부탁을 받고 'The Ntok Choice-이정윤 & 에투왈'이란 공연에 게스트로 출연해 이상은 씨의 곡 〈이어도〉, 〈어기여 디어라〉를 함께 연주할 기회를 가졌다. 이상은은 내가 어릴 적부터 동경해 왔던 인물 중 하나다. 가수라기보다는 전방위적 아티스트에 가까운 싱글 이상은은 조영남만큼이나 내가 궁극적으로 닮고 싶은 아티스트 가운데 한 명이었다. 불혹을 넘긴 나이였지만, 그녀가 지닌 아티스트적 아우라는 하루아침에 형성되는 것이 아니었다. 그녀는 그녀 나름대로 아름다웠다.

'나도 한때 독신을 주장하던 때가 있었지…'

그러나 어느 순간 나는 변해 있었다. 한 여성잡지에서 '여자의 자격, 죽기 전에 해야 할 101가지'에 대해 각계각층 여성들의 제안을 모은 인터뷰 글을 읽은 적이 있다. '마라톤 완주하기', '바리스타 자격증 따기', '비키니 입어보기', '전시회 열어보기', '유언장 쓰기', '섹시 화보 찍어보기', '라디오 DJ 되기', '자신만의 단편 영화 만들기', 'TV 출연하기' 등등 여러 가지가 있었다. 나도 호기심 삼아 체크해 보았다. 정도의 차이는 있었지만, 웬만한 내 관심사의 것들은 다 성취했더라….

부모의 반대를 무릎 쓰고 해외로 나가, 그렇게도 꿈에 그리던 음악 공부도 했고, 그것을 또 가르치고, 연주활동도 하고, 책도 내고, 음반도 여러 장 냈으니, 여태껏 여자로서 억울한 인생을 살아온 것은 아니다.

문제는 여성 아티스트로서, "나의 소소한 개인 행복을 양보하고 앞으로도 계속 억수비가 내릴 때까지 기우제 지내듯, 이런 치열한 생활을 반복해 나갈 것인가" 아니면 "나의 향후 10년 음악인생의 장기적 플랜을 세우고, 음악 외적인 가정사도 함께 챙기며 이제는 객관적으로 조망, 재정립할 시간을 가질 것인가"의 선택이다.

고민 끝에 나는 후자를 택하기로 했다. 사실 더 이상 '홀로'라는 것에 대한 근거 없는 서글픔과 결혼 숙제를 아직도 끝내지 못했다는 부담감, 주위의 안타까운 시선을 받지 않아도 되니, 속은 시원했다. 단지, 앞으로 달라질 나의 외부환경이, 나의 음악과 예술 생활에 어떠한 영향을 끼치게 될지… 기대가 되기도, 걱정도 되었다.

어느 것이 더 좋다, 최선이라고 말할 순 없다. 오롯이 자기 선택일 뿐이다.

다만, 나의 경우 어느 순간부터인가 홀로 전투하듯 성공의 군자 탑을 쌓은 솔로 여성보다는 멋있고 사회적으로 성공한 여성이, 알고 봤더니 남편도 있고 아이도 있고 가정도 있는 유부녀더라는 찬사가 더 훌륭해 보였다.

오복이도 엄마의 이런 선택에 동조하나 보다.

'맞아, 맞아.
엄마는 하나지만, 이제는 하나가 아니야.
우린 2인 1조~!'
라고 말하듯, 발로 찬다.

첫 태동이었다!!

· 이상은
〈이어도〉
〈어기여 디어라〉
〈공무도하가〉
〈새〉
〈Summer Clouds〉

첫 태동, 존재의 알림

있는 듯 없는 듯 소중한, 드러밍과 태동

태동은 갈수록 더 분명하고, 활발해졌다.

막달이 되면 배 전체가 '추울렁~~' 하고 움직이는 것이 눈에
보일 정도로 강력해진다고 한다. 밥 먹고 난 후, 물을 마시고
난 후, 아침에 화장실 다녀온 후, 밤에 자려고 누웠을 때, 더욱
더 활발하게 움직였다.

첫 느낌은… 뭐랄까?

뱃가죽 밑에 뱀이 기어 다니는 느낌이랄까? '꼬르륵', '뽀글뽀
글' 배 아래에서 뭔가 '꼬물꼬물' 하고 움직이는 느낌이랄까?
그리고 태동과는 다르게 또 하나. 어느 시기부터인가, 주기적
으로 아랫배 쪽에서 드럼을 아주 살짝 두드리듯, '똑~ 똑~ 똑
~ 똑' 하고 느껴지곤 했는데 이건 태동이 아니라, 아이가 '딸
꾹질' 하는 것이란다! 어머나! 자기도 사람이라고~ 배 속에
서 딸꾹질도 해?!

처음 그 말을 들었을 때는 너무 귀엽기도 하고 신기하였다. 양수가 부족하거나 갑자기 놀랐을 때, 또는 폐호흡을 연습하기 위해 딸꾹질을 하는 거라는데, 많이 한다고 해도 아기의 건강상에는 전혀 문제가 없다고 한다. 간혹 집중해서 음악 작업을 해야 할 때, 예고 없이 딸꾹질을 해대면 솔직히 신경이 쓰여서 예민해지기도 했는데, 그럴 때마다 물을 마셔 주면 조금 있다 수그러들었다.

헌데 계속 하던 태동과 딸꾹질이 어느 순간 잠잠해지거나 멈추면, 혹시 아기에게 무슨 일이 생긴 건 아닌지 무척 불안하였다. 특히 막달이 되어갈 즈음에는 태동이 예전처럼 요란하지 않아, 종일토록 태동스러운 태동을 느끼지 못한 날에는 걱정이 이만저만 아니었다. 그러다가 다행히 "I'm OK" 하고 오복이가 태동으로 신호를 한 번 날려 주면, 그제야 안도하며 다리 뻗고 잘 수 있었다.

드럼drum 역시 마찬가지다. 없는 듯하지만 없어서는 안 된다. 드럼이 전체 밴드 앙상블을 온전하게 받쳐주고, 안정감 있게 비트를 쳐 주는 역할을 제대로 해 줘야 연주가 산으로 가지 않는다. 드럼이라는 토대가 흔들리면, 모든 악기의 연주가 자리를 잃고 불안정해진다. 드럼 중심 아래, 각 악기들은 화려한 솔로를 마음껏 뽐낼 수 있으며, 갔다가 돌아와도 믿는 구석이 생긴다. 그래서 드럼은 두드렸다가 풀어주고 멈춘 듯하다가 다시 연주하며, 나서지 않고 보조한다.

드러내지 않지만 존재를 알리고, 받쳐주는 드러밍drumming은 '태동'에 비유할만하다. 오늘날 드럼의 역할은 리듬섹션의 위치에서 벗어나 멜로디 악기의 자격까지 확대되고 있다. 잘 알려진 재즈 드러머로는 맥스 로치Max Roach, 1925~2007, 아트 블래키Art Blakey, 1919~1990, "필리"조 존스"philly" Joe Jones, 1911~1985, 로이 헤인즈Roy Haynes, 1926~, 엘빈 존스Elvin Jones, 1927~2004, 토니 윌리엄스Tony Williams, 1945~1997, 스티브 갯Steve Gadd, 1945~, 데니스 챔버Dennis Chambers, 1959~, 잭 드조네트Jack DeJohnette, 1942~ 등이 있다. 그중 잭 드조네트는 포스트모던 드럼의 대표적 연주자로서 전통뿐만 아니라, 재즈, 록, 레게, 프리 재즈, 블루스 등 다양한 스타일의 드럼 연주를 완벽하게 소화해 낸다. 드러머이기 이전에 재즈 피아니스트로서 앨범까지 냈던 그의 전적이 말해주듯 노래하는 듯 연주하는 그의 자유로운 감성은 그가 드럼 연주자임과 동시에 뛰어난 작곡자임을 여실히 드러내 준다. 특히 내가 그의 드러밍을 좋아하는 이유는 내가 사랑하는 재즈 피아니스트 키스 자렛 트리오Keith Jarrett Trio의 30년 지기 멤버이기 때문이다. 키스 자렛, 베이스 주자 개리 피콕Gary Peacock, 1935~과 함께하는 그의 트리오 연주를 듣고 있노라면,

멜로디 악기로서의 드럼, 정박에 떨어지지 않고 자유롭게 노래하는 드럼, 동시에 드럼으로서의 기본을 세련되게 지키는 드럼이 무엇인지 유감없이 보여준다. 화려하게 나서지 않아, 때로는 키스 자렛의 신음소리(그는 클래식 피아노 연주자, 글렌 굴드와 함께 연주 도중 신음소리를 크게 내는 것으로 유명하다)와 피아노 멜로디 라인에 정신을 빼앗겨 잊어버릴 때도 있지만, 기본 박을 유지해 주면서 동시에 솔로 역할을 하며, 결정적인 순간에 또 유려한 기교로 연주하고 있음을 알린다. 그의 드럼 연주는 보이진 않지만, 잊을만하면 여실히 그 소중한 존재를 알려오는 아기의 태동 같다.

연주 도중 간간이 들리는
키스 자렛의 신음소리와 피아노 소리,
둥둥 거리는 베이스,
그 사이를 파고드는 드럼소리,
여기에 아기가 반응하는 태동 소리를 더하니!
4D 영화가 따로 없다.

Music for
Mom
&
Baby

• 키스 자렛 Keith Jarrett
〈In Love In Vain〉
〈So Tender〉
〈Never Let Me Go〉
〈Moon And Sand〉
〈Falling In Love With Love〉
〈The Old Country〉
〈Too Young To Go Steady〉

임신

19주

문득 기타소리가
듣고 싶을 때

가요 따라 부르기와 웨스 몽고메리

정보도 많이 얻고, 경품도 두둑하게 얻는 무료 '임신 출산 교실'이 의외로 많았다. 미리 인터넷으로 신청한 후 당첨이 되면, 시간에 맞춰 참석하면 된다. '미즈 스쿨', '맘스 스토리', '일등맘 교실', '머터니티 스쿨', '맘스 클럽', '오감 만족', '맘스 파티', '매일아이', '아벤트 교실', '아토팜 교실', '남양 아이 교실' 등 주최 업체들도 무척이나 다양했다. 나는 그중에서 일하는 날을 제외하고 시간과 날짜 되는 날을 골라 경쟁률을 뚫고 당첨된 몇 곳을 들렀다.

주로 강의와 간식, 태교음악, 그리고 경품 당첨자 발표 순서로 진행되었는데, 강의는 대부분 관련 전문가들이 '순산을 위한 라마즈 호흡법', '모유 수유', '특수 분만', '아기 돌보기', '잔욕기 간호' 등에 대해 설명하는 식이었다. 열심히 받아 적긴 했는데, 아직은 당장에 닥친 일이 아니라서 그런지 실감도 나지 않고 머리에 쏙쏙 들어오지도 않았다. 그래도 중간 간식을 비롯하여 이것저것 챙겨 주는 샘플들, 그리고 '혹시나 나도~' 하는 경품 당첨자 발표는 은근히 유익하고 기대도 되었다. 유모차나 카시트같이 고가의 물건들은 아니었지만 그래도 나는 총 4번 참석한 예비맘 교실에서 '임산수유부용 종합영양식' 2통, '임부 크림' 1통을 획득하는 횡재를 얻었다. 둘 다 나를 위한 것들이다. 오복이 물품 하나만 당첨되라고 그렇게 빌었건만, 딸은 그렇게 태어나기 전부터 엄마를 생각하는 효녀 노릇을 톡톡히 해주었다.

직업이 직업인만큼 행사 중간에 하는 태교음악회에 관심을 가지지 않을 수 없었다. 솔직한 후기를 말하자면, 조금은 실망스러웠다. 내가 참여한 행사는 그래도 우리나라 분유업계 1~2위를 다투는 기업에서 주관한 것인 데도 불구하고, 이름 모를 가수 한 명이 달랑 '기타' 하나 매고 나와 반주기계에 맞춰 가요와 팝송만 주야장천 메들리로 부르는 것이 전부였다. 임산부들을 위한 공연이라고 해서 무조건 조용하고 고상한 클래식이어야 한다는 건 아니지만, 그래도 너무 한 사람을 위한 노래방 같지 않은가! 그런데, 놀라운 것은 임산부들이 좋아한다는 사실이었다(물론 모두 다 그런 것은 아니지만). 심지어 빠르고 시끄러워 보이는 최신 걸그룹 가요에 몇몇 임산부들은 사회자의 유도에 맞춰 일어나 춤까지 추었다.

'나의 취향에 문제가 있는 것일까? 늙은 임산부라 세대차이가 나는 것일까?'

이론적으로 태아가 싫어하는 헤비메탈 장르나 공포음악만 아니라면, 어떠한 음악이든 엄마가 들어서 좋고 편안한 마음으로 들을 수 있다면, 태교음악으로 문제가 되지는 않는다. 대략 임신 초기, 3개월경부터는 음악태교가 가능하며, 임신 중기인 5~7개월경에는 청각이 본격적으로 발달하고, 귀 모양이 형성되어 청각 기능이 완성되므로 높낮이나 강약을 구분할 수 있다. 임신 후기인 8개월경부터는 외부 소리에 민감해지고 뇌세포가 증가되어 기억력이 좋아지는데, 음이 너무 높거나 낮은 음악 또는 템포가 너무 빠르거나 슬프고 어두운 곡만 아니라면, 다양한 음악을 들려주고, 특히나 목소리를 기억하기 때문에 엄마 목소리를 들을 수 있는 노래를 부르는 것은 태교에 도움이 된다. 평소 가요 따라 부르기를 즐겨했다면, 이 같은 태교음악 행사에 노래방기기에 의존해 신나게 노래를 따라 불러도 상관없다.

또한 '기타'라는 악기 하면 우리들의 선입견에 정통 블루스나 시끄러운 록을 떠올리기 쉽지만, 노래 반주 형태의 통기타나 클래식 연주 기타, 그리고 재즈에서 웨스 몽고메리^{Wes Montgomery,1923~1968} 같은 정통 재즈기타 연주는 임산부들이 듣기에도 크게 어려움이 없다.

많은 사람들이 장르를 불문하고 오늘날 기타 연주의 초석이 되는 기타리스트 셋을 들라하면, 블루스의 B.B. 킹, 록의 지미 헨드릭스Jimi Hendrix, 1942~1970, 그리고 재즈의 웨스 몽고메리를 꼽는다. 그만큼 기타계에서 웨스 몽고메리의 존재감은 크다. 형제들도 베이시스트이자 피아니스트 겸 비브라폰 연주자로 음악 집안이었다. 악보를 읽을 수는 없었지만, 귀가 좋아 10대 후반부터 듣고 배우며 연주하기 시작했다. 본격적인 기타 연주는 20대부터였는데, 이미 가정과 일이 있는 상태였기 때문에 밤에 조용히 연주연습을 할 수밖에 없었다. 가족을 깨우지 않기 위해 한밤중에 어쩔 수 없이 피크 대신 손가락을 이용하여 연주연습을 하곤 했는데, 이는 피크로 단일 음을 치는 대신 엄지손가락으로 음을 튕기는 그만의 독특한 연주 스타일인 '옥타브 주법'을 탄생케 했다. 안타깝게도 43세의 젊은 나이에 가난으로 항상 가족 부양에 시달리다가 생을 달리하였다. 그러나 그의 연주는, 기타 연주와 노래로 상업적 음악에 성공을 거둔 조지 벤슨과 심한 두통으로 오랜 기간 병마와 싸우기도 했지만 여전히 왕성한 연주활동을 보이고 있는 팻 마티노Pat Martino, 1944~ 등을 비롯하여 지금도 많은 기타 연주자들에게 큰 영향을 주고 있다.

임산부라 해서 시끄럽다는
선입견으로 기타와 멀어질 필요는 없다.
전자 기타 반주에 유행가요를 열심히 따라 부르며
춤추는 적극성이 아니더라도,
임산부에게 금기시되는 록,
메탈음악은 아니더라도,

몽글몽글 라운드형의 조용한 기타소리는
얼마든지 웨스 몽고메리를
통해서 들을 수 있다.

• 웨스 몽고메리 Wes Montgomery
〈For Heaven's Sake〉
〈Four On Six〉
〈What's New?〉
〈Polka Dots And Moonbeams〉
〈One For My Baby(And One More For The Road)〉

여행, 음악과 함께

철분제와 함께 듣는 팻 매스니

재즈를 잘 모르는 사람들에게 재즈 뮤지션 중 아는 사람 하나를 들라고 하면, 아직도 꽤 많은 사람들이 케니 G.Kenny G.를 꼽는다. 그는 재즈 뮤지션일까? 아니면 그냥 색소폰 연주자일 따름일까?

여기 대중적으로 잘 알려진 케니 G.를 공개적으로 비난하는 사람이 있었으니, 그는 바로 재즈 기타리스트 팻 매스니Pat Metheny, 1954~이다. 케니 G.가 트럼펫 연주자 루이 암스트롱의 곡을 오버더빙over dubbing(어떤 트랙에 녹음된 연주를 재생해가면서 거기에 맞추어서 별도의 트랙에 새로운 연주를 녹음하는 방법)하려고 하자, 팻은 인터넷에 공개적으로 '케니 G.가 루이의 곡을 사용하는 것은 루이에 대한 모독이다'라며 심하게 그를 비난하고 나섰다. 이에 동조하여 영국의 기타리스트 리처드 톰슨Richard Thompson, 1949~은 〈I Agree With Pat Metheny, Kenny's Talents Are Too Teeny〉, 즉 '나는 팻 매스니의 의견에 동의해요. 케니의 재능은 너무 보잘것없어요'라는 곡까지 썼다고 한다. 케니 G.가 그렇게 잘못한 것일까? 그가 재즈 뮤지션인지 아닌지가 그렇게 중요한 것일까?

나는 현 시대에서 어느 스타일, 어느 장르 소속의 뮤지션이냐는 더 이상 의미가 없다고 본다. 이미 많은 사람들에게 기쁨과 즐거움을 주고, 재즈를 모르는 사람들에게 재즈로 가기 위한 가교 역할을 했다면, 그는 이미 훌륭한 뮤지션이다. 대다수의 사람들에게 평등한, 공동의 감동을 주고 자신만의 음악 영역을 만든다는 것이 얼마나 힘든 것인가는 나도 10여 년의 연주생활을 통해서 뼈저리게 느낀 바이기도 하다.

그럼에도 불구하고 팻 매스니의 음악을 듣고 있으면, 그가 지닌 굉장한 자부심은 인정할 만하다. 아름다운 멜로디와 풍부하고 세련된 화성, 화려한 편곡을 자랑하는 동시에, 그 속에서 끊임없는 변신을 시도하고 엄청난 역동성까지 보여준다. '동시대에 살고 있는 것만으로도 축복인 재즈 뮤지션'이라는 찬사가 무색할 정도이다.

그는 보스턴의 버클리 음악대학Berklee College of Music에 다니던 중 비브라폰 연주자 게리 버튼Gary Burton, 1943~에게 발탁되어 본격적으로 연주활동을 시작하였다. 이후 피아니스트 라일 메이즈Lyle Mays, 1953~를 만나 함께 연주하고 의기투합하여, 'Pat Metheny Group PMG'을 결성하여 수많은 주옥 같은 앨범들을 쏟아내었다. PMG 활동뿐 아니라 솔로 연주, 많은 재즈 뮤지션들과의 사이드 프로젝트side projects를 통해서도 수많은 다양한 앨범들을 발매하였다. 그의 음악은 한마디로 규정하기 힘들만큼 다양한데, 기타 연주자로서 재즈 전통을 이어받았고, 한때 브라질에 살면서 브라질 음악에도 심취하여 로컬 뮤지션들과 연주활동을 하기도 했다. 프리 재즈 연주자 오넷 콜맨 Ornette Coleman,1930~에게 깊은 영향을 받기도 하였지만, 동시에 비틀즈The Beatles와 제임스 테일러James Taylor,1948~, 조니 미첼Joni Mitchell,1943~ 같은 팝 뮤지션들과도 교류하였다.

꽉 찬 전자 사운드와 스토리 위주로 전개되는 서사적인 곡들처럼 한없는 상상력과 가상현실의 경계를 무한정 제공하는 음악도 있으며, 다소 목가적이고 서정적이며 아름다운 수채화 같은 앨범들도 있다.

특히 후자의 경우
여행을 떠날 때 듣고 있으면,
순간 배경이 영화가 되고
내가 주인공이 된 듯한
착각을 불러일으킨다.

제주도에 이어 당일치기로 경기도 파주 헤이리 일대를 돌았다. 아침 일찍 출발해서 파주출판단지, 이채쇼핑몰을 지나, 헤이리 예술마을을 둘러보고, 코 닿을 거리에 있는 영어 마을 English Village에서 영어 뮤지컬도 관람했다. 그리고 마지막으로 흡사 몇 년 전 방문했던 프랑스 몽마르트르 언덕을 연상케 하는 집단촌인 프로방스를 걸었다.

여행은 늘 즐겁다.
음악과 함께 떠나는 여행은 일석이조다.

내 앞에 펼쳐지는 풍경과 음악이 주는 상상력이 더해져, 추억이 2배가 되기 때문이다. 그래서 나는 여행할 때마다 그 여행의 테마가 되는 음악을 골라 함께 떠나는 편인데, 팻 매스니의 음악은 제격이다. 하루 만에 파주 일대를 다 돌았더니, 머리가 아파왔다. 홑몸이 아님을 망각하고, 너무 많이 걸어서 피가 아래쪽으로 쏠렸기 때문이다.

음악 한판 듣고,
철분제 한 알 챙겨야겠다!

- 팻 매스니 그룹 Pat Metheny Group
  〈Au Lait〉
  〈Letter From Home〉
  〈In Her Family〉

- 팻 매스니 Pat Metheny
  〈And I Love Her〉
  〈One Quite Night〉

- 찰리 헤이든 & 팻 매스니 Charlie Haden & Pat Metheny
  〈Waltz For Ruth〉

- 브래드 멜다우 & 팻 매스니 Brad Mehldau & Pat Metheny
  〈Summer Day〉

임신
23주

둘이라서 좋아

신랑과 둘이서 듀오곡 메들리

블로그나 카페에 올라온 글을 보면, 유독 임산부들이 임신 중에 신랑의 작은 말 하나, 행동 하나하나에 예민하게 반응하고 의존하려는 경향이 짙은 걸 볼 수 있다. 아마도 배 속의 아이를 함께 만들었고, 따라서 현재도 미래도, 이 둘의 결실을 온전히 책임져 줄 사람은 신랑밖에 없다는 믿음 때문일 것이다. 또한 살면서 매우 자잘하고, 하찮은 것들까지 보고, 듣고, 공유함으로 당연히 '내 편'일 것이라는 기대 심리(그래서 나는 '남의 편' 같은 '남편'보다는 신랑이란 말을 더 선호한다)가 어긋났을 경우 오는 실망감이 더 크기 때문이 아닌가 한다.

실제 임산부의 정서에 가장 큰 영향을 주는 요인은 가까운 가족, 그중에서도 남편과의 관계이며, 임산부의 태교 의지에 가장 큰 변수로 작용하는 것은 '결혼 만족도'라고 한다.

임신 중 남편과의 관계가 좋아야
엄마가 정서적으로 안정된 상태에서
태아에게 사랑을 주면서
마음을 집중할 수 있다.

남편이나 가족으로부터 이해, 배려, 인정, 사랑과 같은 감정을 느끼면 실제 임산부의 몸에서도 옥시토신, 엔도르핀과 같은 기분 좋은 호르몬이 분비되어 태반을 통해 아이에게 고스란히 전달되는 것이다. 이렇게 화목한 가정환경과 행복한 부모 사이에서 태어난 아이는 인성도 좋으며, 더 건강하게 자랄수 있을 것이다.

나의 경우, 임신 초기에는 먹는 걸로, 후기에는 앞으로 아이를 어떻게 양육할 것인가에 대한 의견 차이로 냉전기를 겪었다. 임신 초기, 속이 좋지 않아 탄산음료라도 먹어야겠다고 했더니 구시렁구시렁, 투덜투덜, 뾰로통해서 획~ 나가더니 아예 콜라 1리터, 사이다 1리터 한 병씩을 사 와서는 다 마시라고 시위를 하던 신랑이었다. 아이 교육도 신랑은 고민하고 계획해서 통제할 것은 통제하고, 책임질 것은 확실히 책임지자는 주의였고, 나는 그렇게 하지 않아도 잘할 수 있다. 자유롭게 그때그때 직관에 의존해서 풀어 놓고 길러도 결과에는 큰 차이가 없다는 주의였다.

여러 차례 다투면서 깨달은 것은 이제 홀로가 아닌, 둘이 아닌, 셋을 이룬 가정의 한 아내, 엄마, 여자라는 것이다. 그리고 새 출발 하는 만큼 서로 간에 더 이해하고, 양보하고, 인내하면서 살아야 한다는 것이다. 결국 남는 건 가족이며, 현재 나의 수족이 되고 필요가 되는 가장 가까운 사람은 그래도 배우자라는 사실이자 행복이었다.

제주도, 파주 헤이리에 이어 경남 통영을 다녀왔다. 부산 친정에 들렀다가 건강상의 이유로 나의 결혼식에 참석하지 못한 외할머니댁에 신랑과 처음으로 인사드리러 진주 외가댁에 들렀는데, 거기서 가까운 통영을 가기로 한 것이다. 중앙시장에 갔다가 벽화로 유명한 동피랑 마을을 둘러보고, 내려오는 길에 통영 꿀빵과 충무김밥 원조 집에서 원조의 맛을 보았다. 외부 규모는 크지 않았지만, 윤이상尹伊桑의 행적과 유품들을 볼 수 있었던 윤이상 기념공원도 들렀고, 마지막으로 이순신 공원에 갔다.

공원 안 누각에 올라 신랑과 나란히 누웠다. 사방이 고요하고 안개만 자욱한 게 한 치 앞이 보이지 않았다. 우리 부부 같았다. 당장 오늘 일도 어떻게 될지 모르는데 몇 주, 몇 달, 몇 년 뒤의 우리를 어떻게 예측하랴!

그래도 홀로 아닌 둘이라서 좋더라.

문득 무라카미 하루키의 말이 생각났다.

"부부는 좋을 때는 아주 좋다,

싫을 때도 역시 좋다."

앞으로 셋이 되면 더더욱 좋을 것이다.

둘이서 연주하는

듀오duo곡들을 꺼내 들었다.

한쪽만 너무 무거워지지 않게 평행의 시소처럼 왔다 갔다 되

받아 연주하는 인터플레이interplay가 묘하게 부부생활과 닮아

있다.

Music for
Mom
&
Baby

- 찰리 헤이든 &
  케니 배런 Charlie Haden & Kenny Barron
  〈You Don't Know What Love Is〉

- 케니 드류 &
  닐스 헤닝 오스테드 페데르센 Kenny Drew & NHOP
  〈I Skovens Dybe Stille Ro〉

- 빌 에반스 & 짐 홀 Bill Evans & Jim Hall
  〈Skating In Central Park〉

- 브래드 멜다우 &
  르네 플레밍 Brad Mehldau & Renee Fleming
  〈Love Sublime〉

- 턱 & 패티 Tuck & Patti
  〈I Will〉

춤태교, 음악을 보다

보기만 해도 들리는 춤음악

뒤늦게 국악에 관심을 가지고 본격적으로 공부하기로 한 후, 우연히 만난 국악계 큰 인사께 국악 공부를 제대로 하려면 무엇부터, 어떻게 해야 하는지 여쭤본 적이 있다. 그때 그 사람은 대뜸 "춤은 배워 봤소?"라며 되물어 나를 당황하게 만들었다. 이제 와서 생각해보면 몸이 자유롭지 않고, 리듬을 몸으로 직접 느껴보지 않고는, 해당 음악을 온전히 이해할 수는 없다는 사실을 전달하려고 했던 것 같다. 친정엄마는 대학 때 부전공이 무용이었고, 두 동생 모두 학창시절 무용반이었으며, 안면 있는 골상학 선생은 나더러 '무용을 했으면 더 잘 나갔을 팔자인데…' 하셨지만, 정작 나는 춤에 전혀 자신이 없다. 진정 마음만 굴뚝같을 뿐, 몸은 전혀 따라 주지 않는 친정아버지의 막대기 같은 인자를 타고났나 보다. 본래 이성적인 사람은 생각이 많아 몸을 잘 쓸 수 없다는데, 그동안 너무 머리만 쓰느라, 몸의 감성을 잃어버린 것일까?

가만히 들여다보면, 음악 또한 춤의 역사와 그 맥을 같이 한다. 베니 굿맨Brnny Goodman, 1909~1989을 선두로 한 "스윙재즈"의 열풍도, 백인의 컨트리 음악country music과 흑인의 리듬 앤 블루스rhythm &blues에 뿌리를 두고 탄생한 엘비스 프레슬리Elvis Presley, 1935~1977의 "로큰롤rock'n'roll"도, 영화 '토요일 밤의 열기'로 대변되는 댄스클럽 중심의 "디스코disco" 열기도, 시카고의

"하우스house음악"이나 디트로이트의 "테크노techno", 뉴저지와 뉴욕 등지의 "개러지 사운드garage sound", 저 영국의 "레이브rave"까지 모두 춤과의 관계를 떠나서는 생각할 수 없다.

멋진 춤까지는 바라지도 않는다.
그저 연주를 통해 드러나는
나의 동작들이
보기에도 듣기에도
아름다울 수만 있다면 얼마나 좋을까?
사실 몸의 움직임만 봐도 우리는 그 연주자가 리듬을 어떻게 느끼는지, 그 음악 대상을 어떤 단위로 세고 그룹화시키는지 대충 알 수 있다. 박자를 머리로 세는지 가슴으로 세는지, 정해진 박자를 마디measure 단위나 형식form 단위로 자르는지 아니면 멜로디 우선으로 박자를 첨가하는지, 연주 시 근육은 이완되어 있는지 경직되어 있는지, 지금 연주하고 있는 음악을 충분히 이해하고 있는지 아니면 그저 읽기에 바쁜지 몸은 다 말해준다.

정통 흑인 스윙의 정석을 보여 주는 재즈 피아니스트 윈튼 켈리Wynton Kelly, 1931~1971, 포물선을 그리며 곡예 하듯 건반 한 음 한 음 내려놓는 클래식 피아노 연주자 임동혁, 노래면 노래

연주면 연주, 보는 것만으로도 절로 듣는 사람들을 조는 닭으로 만들어 버리는 베이스 주자 나단 이스트Nathan East, 1955~, 그리고 지금은 고인이 된 스웨덴의 재즈 피아니스트 에스뵈욘 스벤손Esbjörn Svensson이 이끌었던 재즈 트리오 E.S.T의 운동 하듯 땀 흘리며 연주하는 모습을 보면, 보기만 해도 들리는 경험이 무엇인지 누구나 충분히 이해할 수 있을 것이다.

안 그래도 몸치인데, 임신해서 몸까지 불어 점점 더 몸에 자신이 없어졌다. 몸이 정신까지 지배한 고깃덩이 같은 둔함으로 임신 중기를 맞이하고 보니, 임신 중에도 체중관리는 해야 한다는 선배들의 말이 절실하게 다가왔다. 임신중독증, 임신성 당뇨병이나 고혈압, 과체중 출산을 막기 위해서는 지금부터라도 조금씩 준비를 해야 했다.

때마침, (임신한 몸을 이끌고 서야 했지만) 안성 시민회관에서 안성 예술제의 일원으로 국악 협회에서 여는 '상생의 옛 뿌리'에 출연하게 되었다. '피아노+춤' 듀오 공연이었다. 그곳에서 무용하는 춤새 송민숙 선생님을 만날 수 있었는데 임신 중의 체중관리나 몸 쓰는 것에 대해 조언을 구할 수 있었다. 그녀는 등산, 조깅 등 임산부에게 위험하고 격한 운동을 찾기보다는, 우리 춤을 통해 호흡도 배우고 체중조절과 함께 태교도 하라고 권유하였다. 태아의 뇌 발달에도 좋고 임산부의 신경 안정에도 도움이 되며, 임신 트러블을 줄여 숙면을 취할 수 있고, 분만을 수월하게 해, 순산은 물론 출산 후 몸매 회복에도 도움이 된다는 것이다. 공연 후, 한 번 들러 자신에게 춤을 배워 보라며, 조계사 한국무용 수업 팸플릿을 건네셨다.

자신은 없다.
처녀 시절 몸치가 임산부라고 달라질까?
그래도 슬쩍 팸플릿으로 눈길을 주는 나였다.
우리 아기를 생각하니.

- 국립국악관현악단
  〈종묘제례악 보태평 中 희문〉
- 국립국악관현악단
  〈문묘제례악 中 황종궁〉
- 윈튼 켈리 Wynton Kelly
  〈Softly, As In A Morning Sunrise〉
- 에스뵈욘 스벤손 트리오 Esbjorn Svensson Trio
  〈Seven Days Of Falling〉
- 포플레이 Fourplay; 나단 이스트 Nathan East
  〈Let's Make Love〉
- 임동혁
  〈Chopin: Piano Sonata No.2 in B flat minor
  Op.35 Marche Funebre: Lento〉

재즈 태교 앨범

A Child Is Born

12주 때 국악관현악과의 협연, 18주 때 이상은 씨와의 듀오 공연, 25주 때 송민숙 씨와 피아노+춤 듀오 공연에 이어, 26주 때 태교 CD 녹음, 34주 때 정규 5집 녹음, 그리고 이따금 이동할 때 들었던 음악까지!

이래저래 합하면 우리 오복이는 임신 기간 동안 음악 하는 엄마를 둔 덕에 "음악태교"만큼은 원 없이 하였다. 남들은 일부러 찾아다니지 않아도 절로 음악태교가 되니 좋겠다며 부러워했지만, 워낙 이 길이 어렵고 험난하며, 노력한 만큼 바로바로 결과를 얻을 수 있는 직업이 아니므로(모든 직업이 저마다 그러하겠지만), 딸만큼은 예술 관련 일은 하지 않았으면 하는 바람이다.

그럼에도 불구하고 만삭의 몸을 이끌고 녹음 2개를 병행한 이유는 솔직히 엄마이기 이전에 뮤지션으로서의 욕심과 경력 단절에 대한 불안감이 작용했다. 거기다 하도 선배 산모들이 애 낳고 나면, 당분간 외출뿐만 아니라 잠도 못 자고 개인적인 일은 아무것도 못한다며 겁을 준 탓에 오복이가 태어나기 전에 뭐라도 해 놓고, 몸을 풀어야 한다는 강박 관념이 들었다. 특히 피아노를 치는 나로서는 적어도 3~6개월 몸조리 잘하고, 손을 놀리지 않아야 향후 연주하는 데에 무리가 없을 것이라는 말을 여기저기서 들어온 터라, 적어도 현 나의 상태를 가장 잘 대변해 주는 태교 CD와 4집에 이어 역시 국악 재즈 성향의 5집은 엄마가 되기 전에 미리 완성해 놔야 마음이 놓일 것 같았다.

작곡과 편곡 작업은 몇 달 전부터 짬짬이 준비해 왔었고, 리허설도 마친 상태였다. 녹음만 하루 잡아 풀로 가동하면 되었다. 다분히 아기보다는 내가, 엄마보다는 뮤지션이 먼저인 이기적인 스케줄이었다.

녹음이 진행되고, **오복이랑 함께 연주를 했다.**

역시나 임신 중이라 오래 앉아 연주하기가 힘들었다. 그런데 연주 중간중간 딸이 꼼지락거리는 것이다. 마치 자기가 마음에 드는 단락은 '바로 여기'라고 알려 주는 듯했다. 대부분의 곡들은 반복 없이 웬만하면 원 테이크1 Take로 한 번 만에 갔는데 놀랍게도 전혀 배 뭉침 증세는 없었다. 딸이 '좋아라' 하는 듯했다. 자기를 위한 태교음악임을 이미 알고 있는 것이다. 벌써부터 꿈 많고 욕심 많은 엄마를 조용히 지지하고 나선 딸이 대견하고, 이제 혼자가 아님이 그렇게 든든할 수가 없었다.

앨범에는 재즈로 새롭게 편곡한 〈모차르트 자장가Mozart: Wiegenlied〉, 〈슈베르트 자장가Schubert:Wiegenlied〉, 〈브람스 자장가Brahms:Wiegenlied〉, 〈아일랜드 자장가Irish Lullaby〉, 그리고 한국 전통 자장가인 〈자장 자장요〉를 비롯해서 아일랜드 전통 민요 〈데니보이Danny Boy〉, 우리나라 전통 민요 〈달아달아 밝은 달아〉, 동요 〈나비야〉가 실려 있으며, 아가를 위한 자작곡 〈왈츠 포 베이비Waltz For Baby Ⅰ, Ⅱ, Ⅲ〉 시리즈도 함께 수록되어 있다.

사실 클래식 태교 음반은 종종 볼 수 있지만, "재즈 태교 음반"은 좀처럼 보기 힘들다. 시중에 간혹 나와 있는 재즈 음반들도 여기저기 다른 앨범들을 짜 집어 묶어 놓은 컴필레이션 음반이 대부분이다. 그런 의미에서 [A Child Is Born아가의 탄생]은 직접 만삭의 몸으로,

아가와 교감하면서
함께 연주하며 만든 앨범이라
임산부와 태아를 잘 이해하는 데
도움이 되리라 본다.

물론 무엇보다 나에게,
첫 임신과 딸의 탄생을 기념하는
소중한 앨범으로 기억될 것이다.

Music for Mom & Baby

추억 공유하기

보스턴 추억 속의 음악

한동안 '한옥타령'이었다. 태교여행으로 유네스코^{UNESCO}지정 세계 문화 유산지인 안동 하회 마을에 다녀온 후부터다. 낙동 강이 S자 모양으로 마을 전체를 감싸 흐르고 있는 형상은 아무것도 모르는 내가 보기에도 풍수 지리학적으로 터가 정말 좋은 곳이라는 느낌을 받았을 정도였다. 우리 딸이 이런 자연 환경에서 올바른 교육을 받고 자라면 얼마나 좋을까?

서촌西村답사를 간 것도 그 때문이 었다. 서촌은 경복궁 서쪽에 있 는 마을을 일컫는 별칭이다. 관광 명소로 유명세를 탄 북촌 한옥마을과 는 달리 서촌 골목 은 아직 개발이 덜 된 상태이다. 한옥 앓이(?) 후, 훗날 딸 데리고 터 좋고 볕 좋은 마당 넓은 한옥에 살면 좋겠다는 소망을 품고 한옥 거주에 관심을 가지고 있던 터에 지인을 통해 서촌답사에 대해서 알게 되었다.

하루 날 잡아 서촌에 있는 여러 유형의 한옥들을 답사하고, 소규모 한옥 음악회를 관람하는 일정이었다. 짧은 시간이었지만 직접 관계자의 말을 들어보고 경험해 보니, 생각만큼 한옥에 뿌리내리는 것이 그리 녹록해 보이진 않았다.

5년 만에 한 번씩 천만 원 가량 지불하고 지붕을 개량해야 하는 것부터 시작해 겨울 난방 관리, 쓰레기 분리수거 문제, 협소한 주차장, 마트 오가는 것 등등 막연히 동경했던 한옥 거주에 대한 낭만적 환상은 실제 생활과는 큰 차이가 있었다. 옆집이랑 지붕과 담을 공유하고 있어 홀로 리모델링이 쉽지 않은 데다가 같은 처지의 한옥끼리 모여 있지 않는 한, 거대 이웃 연립주택들과 하늘을 공유해야 해서 경관이 무척 훼손되었다. 뜻 맞는 사람들끼리 모여 한옥 마을이 형성되도록 개량·증축한다 하더라도, 기본 기둥만 놔두고 아예 모든 걸 바꾸는 건축이 진정한 의미의 한옥인지에 대해서도 솔직히 의문이 갔다. 마당도 존재한다는 것뿐이지, 생각보다 작아 아이가 맘껏 뛰어놀기에는 아쉬움이 남았다.

다만, 한시적인 선택이 아닌 장기적인 안목을 두고 나뿐만 아니라 내 자식, 손자 손녀까지의 연대의식을 위한 기억에 투자한다고 생각한다면, 지금 조금 불편해도 의미 있는 선택은 될 거라는 생각은 들었다. 이날 방문한 개량 한옥 집 중 한 곳은 신혼부부가 살고 있었다.

처마 기둥 한 곳에 적힌 문구가 눈에 들어왔다.

'내 자자손손을 위해
엄마가 ○○○○년도에 짓다'

나름 역사의식(?)을 강조한 것이 무척 인상 깊었다.

결국 '이상'의 멋스러움과 '생활'의 편리성을 어느 선까지 타협하고 사느냐인데, 혼자 사는 인생이 아니고 보니 그 조율과정이 쉽지는 않다. 무엇을 잃고 얻으며 양보해야 하는지, 우선 사항은 무엇이며, 집을 바꿈으로써 발생하게 되는 라이프스타일 변화에 어떻게 대처할 것인지, 동거인의 긍정적 동의는 있는지 등을 미리 고민해 보아야 하며, 무엇보다도 그런 선택을 하는 데 대한 '나' 자신의 적합성 여부를 따져봐야 하는데, 솔직히 자신 없었다. 머리는 한옥인데, 현실은 신도시다. 아직은 익명성이 보장되는 아파트촌에 마트, 백화점, 공원, 병원 등 온갖 편의 시설이 집약되어 있고, 구질구질 골목을 따라 찾아다니지 않아도 번호만 대면 직사각형의 정형화로 쉽게 찾을 수 있는 편리성을 좇게 된다.

사람 많은 것을 불편해하고, 옆에 있는 마트도 게을러 잘 가지 않는 나 같은 사람이 아이 키우기에는 아직은 신도시가 제격인 듯싶다. 그래도 한옥을 나서는 발걸음이 쉬이 떼이지 않는 건, 예술 하는 사람으로서 달라야 한다는 자존심 때문일까, 아니면 우리 아이만은 남들과 똑같은 브랜드의 아파트와 환경에서 똑같은 교육을 받는 평범한 사람으로 키울 수 없다는 근거 없는 고집 때문일까?

이상과 현실의 장점을 다 가질 순 없는 일이다.
하나를 선택하면, 하나를 잃게 마련이다.

다만, 어디서 어떤 모습으로 살든
태어날 아가에게 최선의 '추억'을
남겨 주는 것이 부모 된 자의
'의무'가 아닐까 한다.

하드웨어보단 소프트웨어의 견고성으로 몇 년, 몇십 년이 흘러도 잊히지 않는 가족의 연대성을 심어주는 일말이다.

돌이켜 보면, 고작 3년간 살았지만, 보스턴에서의 유학생활은 2년간의 뉴욕생활보다 그 이후, 10년 넘게 살고 있는 서울생활보다 더 오래 기억에 남고 그립다. 20여 년이 다 되어가는 지금도 그때 장면 하나하나, 풍경 하나하나, 자주 들었던 음악, 음식 냄새마저 뇌리에 또렷이 남아 있다. '추억'은 집의 위치나 크기, 환경의 특이성이나 기간에 비례하지 않는다. 그 속에 담긴 사람들과의 관계, 그들과의 얽힌 누적된 경험이 더욱더 중요하다.

태어날 오복이가 엄마의 처녀 적 추억, 임신하고 자신이 태아였을 때의 추억, 그리고 탄생 후 엄마와의 추억을 의식적 · 무의식적이라도 긍정적으로 오래 간직하길 바라며, 지난 빛바랜 일기장 펼치듯, 보스턴의 추억이 담긴 앨범 몇 장을 꺼내 들었다.

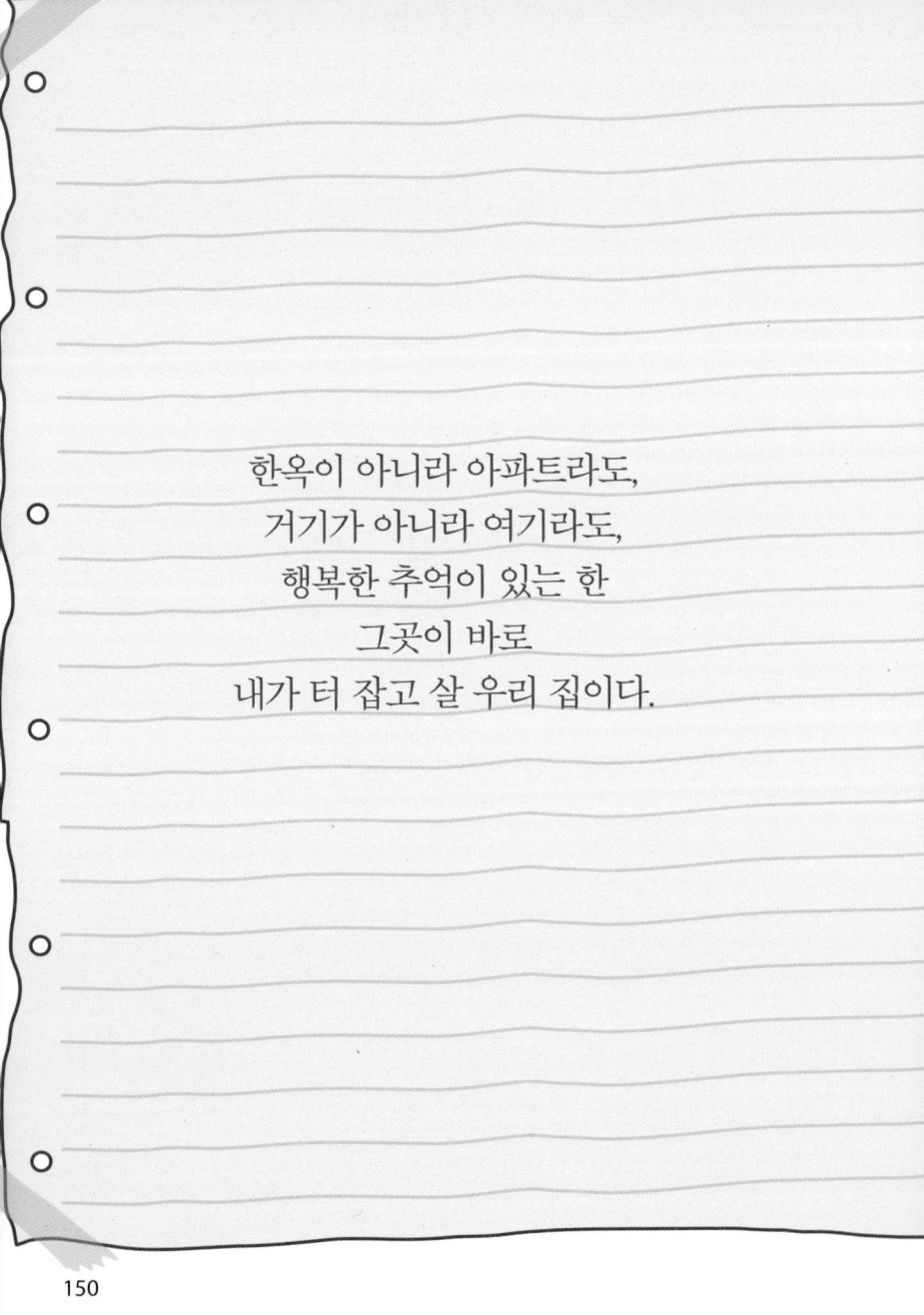

한옥이 아니라 아파트라도,
거기가 아니라 여기라도,
행복한 추억이 있는 한
그곳이 바로
내가 터 잡고 살 우리 집이다.

- 행크 모빌리 Hank Mobley
  〈Remember〉
  〈This I Dig Of You〉
- 조슈아 레드맨 Joshua Redman
  〈Chill〉
- 마일즈 데이비스 Miles Davis
  〈Freddie Freeloader〉
- 소니 스팃 Sonny Stitt
  〈My Little Suede Shoes〉
  〈Just Friends〉

임신

28주

귀도 즐거운
음식태교
살사, 아프로 큐반재즈를 들으며

당연한 말이겠지만, 임산부가 임신 기간 중 어떤 음식을 어떻게 섭취하느냐는 아기의 건강에 직결된다. 그러니 세심한 주의가 필요하다. 엄마 배 속에서 발육이 정상적으로 이루어지지 못하면 출생 후에 잔병치레가 잦고 몸이 약한 아이가 될 수 있기 때문에, 양질의 음식을 임신시기에 맞게 적절히 섭취하는 것이 매우 중요하다.

임신 초기에는 태아의 뇌 발달에 좋은 참치, 닭 가슴살과 같은 양질의 단백질과 칼슘이 풍부한 생선류와 유제품 위주로, 임신 중기에는 철분 섭취를 위해 어패류와 달걀노른자, 우유, 녹황색 채소와 해조류를, 임신 후기에는 태아의 면역력을 키우는 데 도움이 되는 토마토, 김, 늙은 호박 등의 비타민 A가 풍부한 음식과 임산부의 소화불량과 변비를 예방하는 고구마, 콜리플라워 같은 식이섬유가 풍부한 음식 위주로 먹는 게 좋다고 한다. 특히 임신 중 탄산음료, 라면, 과자 등 산성식품을 많이 먹으면 아이가 산성 체질이 될 염려가 있으니 주의해야 한다. 산성 체질의 아이는 정서가 불안하고 산만하며, 신경질적으로 되기 쉬우므로 피하는 것이 좋다.

나는 정석대로 늘 최상의 음식만을 섭취하려고 요란떤 적은 없었지만, 몸에 해로운 것은 피했다. 적어도 몇십 년간 아침에 일어나자마자 공복에 커피 한 잔 마시던 습관을 임신 기간 동안만은 완전히 버렸다. 그렇게 하고 나니 입덧 후에는 속도 편해지고, 입맛이 돌아 본격적으로 음식태교 탐방(?)에 나설 수 있었다. 주로 신랑이 쉬는 주말을 이용해 '글로벌 푸드' 외식을 즐겼다. 우습지만, 왠지 음식에 대한 편견 없고 오픈된 '글로벌'한 감각이 훗날 오복이의 '글로벌'한 라이프스타일에 직·간접적으로 영향을 주어 '글로벌한 아이'로 커 줄 것 같은 전혀 근거 없는 믿음이 들었기 때문이다.

퀘사디아, 브리또, 칠리치즈나초 같은 멕시칸 음식에서부터 파타이, 똥얌꿍, 쏨땀 같은 타이 음식, 등심 샤브 월남쌈, 볶음밥이 든 변형된 베트남 음식과 탄두리 치킨, 치킨 빈달루 카레, 라씨, 마실라 짜이 같은 인도 음식까지 임신 중기 이후, 시간 나고 몸만 허락하면 되도록 다양하고 특이한 음식들을 맘껏 소화시키려고 노력하였다. 이제 대부분의 산모들이 막달 마지막 힘을 내기 위해, 정석처럼 들른다던 호텔 뷔페 도전기만 남은 상태다. 그래서일까? 고맙게도 지금 우리 딸은 작고 예민하며, 입이 짧은 엄마와는 달리, 또래 아이보다 크고 튼튼하며, 웬만한 건 다 잘 먹고 소화하는 순둥이로 커주고 있다.

라틴 재즈에도 음식 이름과 비슷한 장르가 있는데, 바로 살사Salsa다. 재즈와 라틴음악의 결합, "라틴 재즈Latin jazz"는 아프리카, 라틴 아메리카의 리듬과 재즈, 그리고 라틴 아메리카를 통해 전파된 클래식의 결합을 통해 형성된 음악이라고 할 수 있다. 크게 보사노바로 대표되는 브라질리언 재즈Brazilian jazz와 살사, 맘보mambo, 볼레로bolero, 차차차chachacha, 룸바rumba 등을 포함한 아프로 큐반재즈afro-cuban jazz가 있다. 이 중 살사는 본래 맵고 톡 쏘는 맛을 가진 소스를 일컫는 말이었으나, 나중에 쿠바음악과 푸에르토리코음악이 뉴욕의 라틴 구역에서 빅밴드 재즈와 만나서 탄생한 '쿠바스타일의 재즈' 중 하나로 정의되었다. 타국의 음악이 건너와 타국의 대도시 뉴욕에서 새롭게 재탄생되었다는 점에서 살사의 의미는 크다고 할 수 있겠다. 라틴 재즈의 대표적인 뮤지션으로는 에디 팔미에리Eddie Palmieri, 1936~, 팻츠 나바로Fats Navarro, 1923~1950, 소니 롤린즈Sonny Rollins, 1930~ 등이 있으며, 전혀 라틴계가 아닌 멕시코 출신이지만, 록과 라틴음악의 리듬을 매우 세련되게 결합하여 성공한 카를로스 산타나Carlos Santana, 1947~ 역시 대표적이다.

라틴 재즈는 신이 난다.
동시에 서정적이다.
그래서 임산부들이
듣기에도 별 무리가 없다.

조금씩, 자주, 다양하게 과식하지 말고 음식태교를 하면서 몇
달 뒤의 비상을 꿈꾸며, 유쾌하면서도 아련한 글로벌 감각의
라틴음악을 들어보자!

- 에디 팔미에리 Eddie Palmieri
  〈Chocolate Ice Cream(Helado De Chocolate)〉
- 소니 롤린즈 Sonny Rollins
  〈St. Thomas〉
- 카를로스 산타나 Carlos Santana
  〈Europa〉
  〈Samba Pa' Ti〉

157

결혼해서 임신하고 보니

나 아닌 우리-인본주의, 이타주의 음악

병원 갔다가 산후 조리원을 예약하고 왔다. 병원에 딸린 산후 조리원이다. 각자 처한 형편에 따라 다르겠지만, 주로 산후조리는 조리원에서 2주, 산후 도우미 2주를 쓴다는 말에 산후 도우미도 알아보았다. 늦어도 예정일 1달 전에는 예약해야 한다고 하는데 '인구 보건 복지협회, YWCA, 한국 자활센터, 해피 케어, 참사랑 어머니회, 마더피아, 아가마지, 산모피아, 산후도우미 119, 사임당' 등 업체가 하도 많아 머리가 아팠다. 생각만 하고 차일피일 미루다가 36주가 되어서야 최종 결정했다. 관련 정보를 수집하고 직접 전화를 걸어서, 친절하게 설명해 주는 지, 업무 분담은 잘 되어 있는지를 살펴보고 정했는데, 주위 친구들 말로는 업체마다 큰 차이는 없고, 단지 오시는 도우미 아주머니가 얼마나 성실하고 좋은 분인가에 따라 다르다고 한다. 그야말로 복불복이라 그저 나와 마음이 맞는 분이 채택되기를 간절히 소망하는 수밖에 없다. 가격은 기간과 형태가 입주형이냐, 출퇴근형이냐에 따라 차이가 있단다.

출산 준비물도 본격적으로 구입해야 했다. 다행히 나는 대부분 둘째 동생에게 물려받기로 한 터라, 아기 크림이나 샴푸, 젖병 세척제, 소독기, 아기용 세제, 손톱깎이, 면봉, 귀저기 등 간단한 소(모)품만 준비하면 되었다. 그 외, 면역력이 약한 아이를 위해 수시로 방안 먼지를 청소를 위해 작은 포터블 portable 진공청소기가 따로 있어야 한다고 해서 하나 샀고, 아기 옷 수납을 위해 서랍장도 2개 준비했다. 아기 옷 세척을 위해서 아가 사랑 세탁기를 따로 구입하는 사람들도 있던데, 나는 그냥 세탁기 A/S 센터에 전화해 세탁조 청소를 의뢰했다.

새로운 변화는 준비를 요한다.

고등학생에서 대학생이 되기 위해 대학 입시를 준비해야 하고, 대학생에서 사회인이 되기 위해 취업을 준비해야 한다. 솔로에서 유부녀가 되기 위해 결혼을 준비해야 하고, 아내에서 엄마가 되기 위해 출산을 준비해야 한다. 귀찮고 힘들다는 이유로, 이전 단계에 잔류하고자 하면 발전이 없고 새로운 경험을 할 수 없다. 제 자리에 있고 싶어도, 사회나 환경이 이를 허용하지 않고 내쳐버린다. 멈추면 살아남을 수가 없다. 여태껏 그래도 잘 견뎌왔다. 무사히 통과했다.

그런데 이번 출산 관문은 나 혼자가 아니라,
한 '생명'이 연루된 일생일대의 '사건'이라
무척이나 떨리고, 긴장된다.

아직 보지도 만지지도 못한 존재를 위해 열 달을 이렇게, 내가 하고 싶은 것을 못하고 조심하고 절제하고 인내하며 희생한다는 게… 이전에 아이를 싫어하고, 이기적이었던 나로서는 그 자체만으로도 대단한 이타주의다.

솔로일 땐, 공공장소에서 우는 아이 때문에 어쩔 줄 몰라 하는 엄마들을 보면 일부러 성난 눈길 질과 불만을 들으라는 듯 크게 토로하던 나였다. 떼쓰고 시끄러운 아이들만 보면, 괜히 심술이 나서 꼬집고 발이라도 걸고 도망가고 싶은 심정이 되곤 하던 나였다. 그러던 내가 내 아이를 갖고 임산부가 되고 보니, 나와는 별개의 것이라 제쳐 두었던 계급(?)의 또 다른 세계가 머리가 아닌 가슴으로 다가왔고, 그들이 진정 이해되었다.

임산부가 보였고,
엄마가 보였고, 아이들이 보였다.
그리고 가족이 보였다.

내 새끼라 생각하니, 세상 모든 아이들이 다 예뻐 보이고, 귀하고, 사랑스러웠다. 당신도 학교 다니면서 딸 셋 낳아 평생 잘 키우려고 최선을 다했던 친정엄마가, 자라올 때 지겹도록 싸우면서 컸지만 이제 육아 선배로 모르는 것 있을 때마다 조언을 아끼지 않는 동생들이, 회사일 때문에 자주 못 보고 힘들어하지만 가장 가까운 곳에서 그래도 필요할 때마다 제일 큰 힘이 되어 주는 남편이 존재한다는 것만으로도 얼마나 감사한 일인가 자족하게 된다. 아이를 갖고 낳게 되면, 누가 시키지 않아도 휴머니스트가 되고 인본주의자가 된다더니, 정말 그런 것 같다.

음악 역시 "음악은 음악 그 자체로서 의미가 있지, 어떤 개인이나 집단, 사회의 목적 수단으로 사용되어서는 안 된다"는 '자족' 입장을 강력히 고수해왔던 나였다. 그런데 나이가 들고 철이 들고 해가 거듭될수록 순수 창작 행위라도, 창작자 개인만을 위한 마스터 베이션적 결과물이 세상에 던지는 메시지나 공감대가 전혀 없다면 존재할 가치가 있을까, 대중들이 그들의 목적을 위해, 걸레처럼 소비하고 버려지는 음악이

자기만족, 박물관식 음악보다 오히려 더 가치 있는 것이 아닐까 하는 '이타주의' 우선의 생각이 먼저 들었다.

'음악인으로서 보다 나은 세상을 위해서 우리가 할 수 있는 것은 무엇일까?' 뮤지션의 직·간접적 사회 참여와 이로 인해 기대할 수 있는 긍정적 변화 또한 음악 하는 기술(?)을 하늘에서 부여받은 자들이 당연히 공유하고 제공해야 할 의무이자 책임이 아닌가 싶다. '재즈 안 개구리' 식으로 내가 보는 것, 듣고, 경험하는 것만이 최선이라 믿고, 우물 밖의 다른 음악, 다른 세계의 사람들에 대해서는 너무 인색했던 것은 아닌가 반성도 되었다.

1960년대 완연해 있던 흑인들에 대한 인종차별에 대항하기 위해 뮤지션들이 만든 AACM(Association for the Advancement of Creative Musicians)이나 단순한 연주자의 위치에서 벗어나 작곡자, 밴드 리더의 입장으로 확장, 음악 이상의 정치적인 메시지까지 전하려는 의도를 가졌던 재즈 베이시스트 찰리 헤이든Charlie Haden, 1937~2014처럼 적극적인 공공의지는 아니더라도, 적어도 이제 나는 예술을 위한 예술, 나만을 위해 배설하는 이기적인 음악은 하지 않을 것이다.

같은 처지의 임산부들을 위해
태교음반을 내고,
태교일기를 쓰는 행위도
다음 단계를 준비하는
이타적인 행위의
작은 시작이 되길 바란다.

• 찰리 헤이든 Charlie Haden
〈Nobody Knows The Trouble I've Seen〉
〈Sometimes I Feel Like A Motherless Child〉
〈It's Me, O Lord(Standin' In The Need Of Prayer)〉

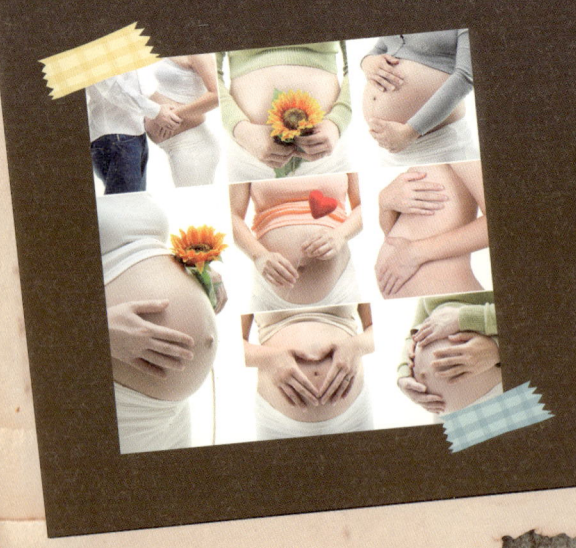

임신

30주

운명에 순응하며

Here And Now

머리를 잘랐다. 결혼 후, 계속 길러 온 머리가 여름이 되니 거추장스럽게 느껴졌기 때문이다. 파마도 하고 싶고 염색도 하고 싶다. 임신 초기를 제외하고는 딱히 금지 행위는 아니며, 임산부로서 오래 앉아 시술받기 힘들기 때문에 피하는 게 좋다고 하는데, 왠지 독한 약을 머리에 뿌린다는 게 아기한테 좋지 않을 것 같아 이것만은 참았다. 하지만 출산 후, 제일 먼저 하고 싶은 일 중의 하나다. 머리 스타일 하나가 여자 이미지에 남기는 잔상이 얼마나 큰지 알기 때문이다. 임신을 하고 나니, 머리카락이 좀체 빠지질 않는다. 내 머리숱이 이렇게 많은 적이 있었던가 싶다. 시커멓고, 삼단 같은 머리카락이 징그럽게 느껴지기까지 했다. 하지만 '애 낳고 나면, 그간 미뤄 왔던 머리카락들이 한 움큼씩 빠지겠지?'라는 생각에 순간, 첫 애 낳고 원형 탈모가 와서, 그 숱 많던 머리가 한동안 듬성듬성해 보기 안타까웠던 셋째 동생이 생각났다.

서글프다.

임산부가 되고 보니, 왜 이렇게 예쁜 옷들과 신발들도 눈에 띄는지… 그렇다고 딱히 처녀 적에 신나게 멋 부리고 다닌 것은 아니지만, 늘씬하게 차려입은 대학생들을 보면, 한숨이 절로 나온다. 가졌을 때 누릴 걸 하는 후회가 밀려온다. '이렇게 아줌마 대열에 합류하는 것일까?' 대리만족으로 틈나는 대로 패션 잡지다 인터넷 화보들을 보고 있지만, 몸이 불은 지금은 그저 그림의 떡일 뿐이다. 출산 후에는 폭풍 다이어트에 돌입해서 좀 더 패션에 신경 쓰고 다니고 싶다. 나이 잊은 미시로 변신하고 싶다. 또 한 가지, 소박하지만 엎드려 책 읽는 것과 맘껏 기지개를 켜 보는 일이다. 임신 후기에 접어드니, 배가 도드라지게 나와서 엎드리는 것은 꿈도 못 꾼다. 비 오는 날, 엎드려 누워 좋아하는 책을 읽으면서 군것질거리를 아무 죄책감과 통제 없이 먹어 대던 여유가 그립다. 부쩍 밤에 자다가 기지개를 켜면 나도 모르게 근육 경련이 와, 미칠 듯한 고통 속에 깨곤 하는데, 피가 잘 순환이 되지 않아 일어나는 현상이라고 한다. 출산 후, 아침에 일어나 하루를 여는 맘으로 근육 꼬이는 것 걱정 없이 큰 기지개를 켜 보는 것이 소원이다.

출산 후에는 꼭 해야지…
하는 일들이 하나씩 늘어간다.

출산 후, 할 수 있는 일도 시기가 정해져 있다. 손톱관리, 쇼핑, 수영은 출산 후 4주, 사우나나 욕조에 들어가는 것은 출산 후 6주를 기다려야 하고, 메이크업이나 헬스, 에어로빅, 조깅과 운전도 6주가 지나야 한다. 고대하던 파마나 염색은 자극성이 강한 약이 두피를 자극해 탈모 증상이 심해지고 각종 트러블이 생기기 쉬우므로, 출산 후 6~12개월을 견뎌야 하며, 다이어트 역시 출산으로 인한 상처와 피로가 악화되어 오히려 건강을 해칠 수 있기 때문에 서서히 산후 6개월부터 본격적으로 할 수 있다.

벌써부터 출산과 출산 후를 생각하니 머리가 또 아파 온다. 출산은 끝이 아니라 또 다른 시작을 예고하는 것이다. 출산 후 하고 싶은 일도 바로 할 수가 없고, 또 인내의 시간들을 요한다. 출산 전의 온전한 '나'로 변신할 때까지 또 얼마 동안의 희생이 필요할까? 아득히 멀게만 느껴지던 출산도 어느새 임신 후기에 접어들어 카운트다운에 들어갔다. 걱정되고 힘은 들지만, 그래도 항상 해오던 일을 하며 항상 얻던 것만을 얻었던 나에게…
이전에는 알지 못했던 전혀 새로운
경험을 선사한 '임신'에 감사한다.

순응하는 자는 태우고 가고,
거부하는 자는 끌고 간다는
'운명'에 감사를 표한다.
훗날, 나의 이 임신이 또
미칠 듯이 그리운 그 언젠가 올 것이다.
그때를 위해, 지금은
현재Here And Now에 충실하자!

Music for
Mom
&
Baby

- 빌 에반스 Bill Evans
  〈HERE's That Rainy Day?〉
  〈Quiet NOW〉

- 폴 블레이 Paul Bley
  〈And NOW The Queen〉

- 마일즈 데이비스 Miles Davis
  〈Bess, You Is My Woman NOW〉

- 조지 벤슨 George Benson
  〈From NOW On〉

- 칙 코리아 Chick Corea
  〈NOW He Sings, NOW He Sobs〉

- 나탈리 콜 Natalie Cole
  〈Our Love Is HERE To Stay〉

다양한 자극을 주자

퓨전 태교? 퓨전 재즈!

책 한 권 읽으면서, 4호선 타고 쭈~욱 올라가서 명동역에서 내린다. 6번 출구로 나와서 아이 쇼핑을 한 후, 은행 쪽에서 좌회전해서 입구까지 가면 건널목이 보인다. 지하도로 내려와 백화점을 둘러본 후, 시청 쪽으로 걸어 나온다. 날씨가 좋으면, 시청 잔디밭에서 잠시 쉬기도 하고, 집회가 열리면 돌아보기도 한다. 그러다가 청계천 쪽으로 내려오면, 일민미술관이 있다. 시간만 나면 나는 여기에서 전시회를 보았다. 미술관 내 카페에서 와플이나 함박스테이크를 차와 마시거나, 몇 발짝 걸어 나와 광화문 교보문고로 향해 신간 도서를 둘러보고, 음반 매장에서 노래도 들었다. 강의가 있는 날은 일찍 나와 거기서 5호선을 타고, 충무로에서 내려 2호선으로 환승 후 이대에서 볼일을 본 후, 신촌으로 걸어 나와 학교까지 버스를 탄다. 둘레길, 올레길의 코스처럼, 걷기를 좋아하는 나는 종종 내가 만든 '이노경 광화문북로(?)'를 따라 걸으면서 듣고, 보고, 생각하는 것을 즐겼다.

임산부가 되었다고 해서 예외는 아니다.
되도록 좋은 생각 많이 하고,
예쁜 것 많이 보라는
주위의 줄기찬 권유 통에
좋은 기획전이 있으면,

가까운 덕수궁 미술관이나 집 근처 국립 현대 미술관, 예술의
전당 한가람 미술관까지 동작이 둔해지고, 균형 잡기 힘들어
뒤뚱거리면서도 쫓아갔다. 기본 코스에서 다른 옵션을 선택
하기도 하고, 여유가 되면 그때그때 상황에 따라서 더 늘리기
도 했다. 힘들면 줄이면 그만이었다. 하루 이렇게 돌고 나면,
많은 것이 정리되고, 얻는 느낌이라 좋았다. 나름 미술태교와
산책태교(?)를 겸한 셈이 아닌가.

알랭 드 보통Alain de Botton의 말이 떠올랐다.

"책에 나왔던 장소를 발견하는 것이
중요한 것이 아니라,
내가 사는 곳을 책에 나왔던 장소처럼
보는 것이 필요하다."

몸이 무거워 멀리, 자주, 갈 수 없다면, 익숙한 길에 미술, 음
악 같은 예술이벤트를 더해 여행태교를 흉내 내는 것도 좋은
방법인 것 같다. 손을 많이 쓰면, 태아의 뇌 발달에 좋다는 말
에 바느질태교도 많이들 하던데, 손 놀리는 걸로 치면 직업으
로 피아노 치는 나도 뒤지지 않을 터지만, 바느질 재주만큼은
타고나지 못해, 항상 중·고등학교 가사시간 바느질 숙제는
손뜨개질, 미싱 박아 옷 만들기 등 못 하는 게 없는 친정엄마
신세를 져야만 했다. '그 힘든 걸 왜 따로 시간 내서 할까?' 냉

소적인 나도 임신 기간 동안에는 임신, 육아교실에서 받은 공짜 딸랑이 샘플 바느질거리 설명서를 들고, 바느질을 하였다. 의외로 잡념이 없어지고 마음이 고요해지며, 집중되는 게 참 좋았다.

음식태교, 음악태교, 미술태교, 여행태교, 바느질태교, 영어태교, 태담태교 등 끝에 태교자만 붙이면, 활용되는 태교법이 너무나 많다. 그야말로, 퓨전fusion이다. 재즈에도 퓨전 재즈fusion jazz 장르가 있는데, 퓨전 재즈는 초창기엔 록과 재즈가 만나 이루어졌다고 해서, 재즈 록jazz rock이라고도 하였다. 처음 재즈 뮤지션들이 록에 눈을 돌린 것은 새로운 사운드 질감에 대한 욕구와 당시 록을 통해 유행되었던 전자음향 악기, 큰 볼륨, 녹음기술의 중요성이 절묘하게 맞아떨어졌기 때문이다. 또한 록의 많은 요소들이 블루스, 영가, 가스펠, 리듬 앤 블루스 등을 근본으로 한다는 점에서 재즈와 통하는 부분이 있기도 하였다.

많은 재즈 뮤지션들은 지미 핸드릭스를 선두로 한, 록의 대세에 재즈 구조와 즉흥적인 연주 테크닉을 혼합하기 시작했고, 록 뮤지션들 역시 재즈 요소들을 그들의 음악에 첨가하기 시작했다. 시작은 트럼펫 연주자, 마일즈 데이비스Miles Davis, 1926~1991가 발표한 앨범 [Bitches Brew]였다. 이 앨범에 참여했던 웨인 쇼터Wayne Shorter, 1933~, 존 맥러플린John Mclaughlin, 1942~, 칙 코리아 등도 각각 퓨전 재즈 그룹을 결성해 활발한 활동을 벌였다. 훗날 퓨전 재즈는 스무드 재즈smooth jazz라는 이름으로 보다 더 상업적으로 변모하는데, 이들 재즈는 임산부들이 듣기에도 부담이 없다.

우연히 들른 카페나 심야 라디오방송에서 흘러나오는 이지 리스닝 계열의 팝이나, R&B와 결합한 재즈가 바로 그것이다. 리 릿나워Lee Ritenour, 1952~, 알 자로Al Jarreau, 1940~, 케니 G., 밥 제임스Bob James, 1939~, 데이빗 샌본David Sanborn, 1945~ 등이 이러한 팝 성향의 퓨전 재즈(also known as "west coast" or "AOR fusion")를 선도해 갔다.

태교도 하나만 골라 하겠다는 생각보다는 할 수 있는 모든 태교법을 섞어 조금이라도 실천하여 퓨전화하는 것이 필요하다. 뇌의 시냅스는 연결망이 촘촘하고 세밀할수록 뇌 발달이 더욱 활발히 진행되는데 태교를 통해 더 많은 자극을 받은 아이는 태어날 때 좀 더 촘촘한 시냅스 구조를 갖게 된다는 것이다.

"스승의 10년 가르침이
어머니의 열 달 태교보다 못하다."

-사주당, 〈태교 신기〉 中-

이제 몇 주 남지 않았다.
끝까지 분발하자!

Music for Mom & Baby

- 웨더 리포트 Weather Report
  〈In A Silent Way〉
- 리턴 투 포에버 Return To Forever
  〈Spain〉
- 리 릿나워 Lee Ritenour
  〈Night Rhythms〉
- 케니 G. Kenny G.
  〈Loving You〉
- 밥 제임스 Bob James
  〈Gavotte & G Doubles〉
- 데이빗 샌본 David Sanborn
  〈Dream〉

임신

32주

'나'를 다시 붙잡고

여성 뮤지션, 엄마 뮤지션

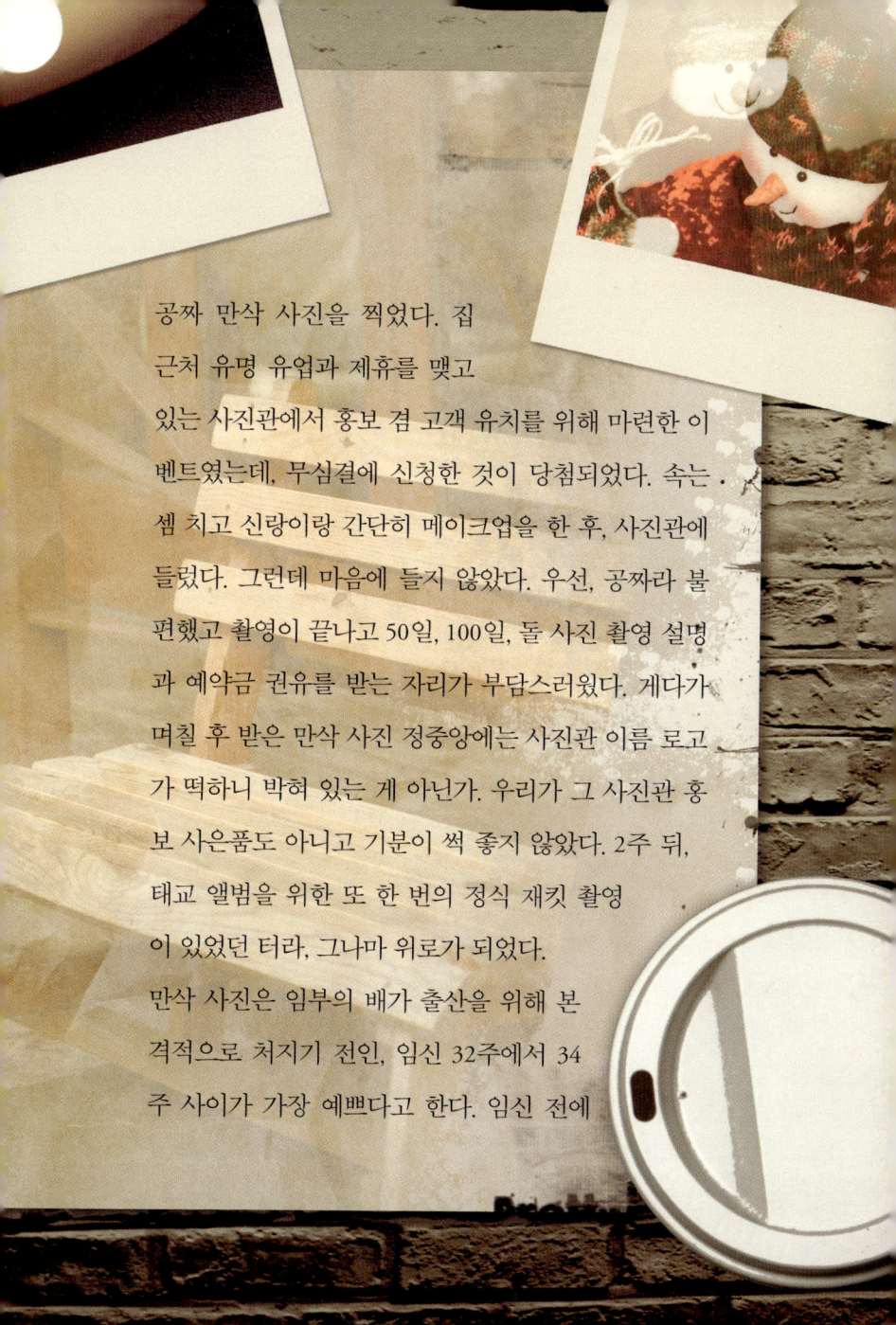

공짜 만삭 사진을 찍었다. 집
근처 유명 유업과 제휴를 맺고
있는 사진관에서 홍보 겸 고객 유치를 위해 마련한 이
벤트였는데, 무심결에 신청한 것이 당첨되었다. 속는
셈 치고 신랑이랑 간단히 메이크업을 한 후, 사진관에
들렀다. 그런데 마음에 들지 않았다. 우선, 공짜라 불
편했고 촬영이 끝나고 50일, 100일, 돌 사진 촬영 설명
과 예약금 권유를 받는 자리가 부담스러웠다. 게다가
며칠 후 받은 만삭 사진 정중앙에는 사진관 이름 로고
가 떡하니 박혀 있는 게 아닌가. 우리가 그 사진관 홍
보 사은품도 아니고 기분이 썩 좋지 않았다. 2주 뒤,
태교 앨범을 위한 또 한 번의 정식 재킷 촬영
이 있었던 터라, 그나마 위로가 되었다.
만삭 사진은 임부의 배가 출산을 위해 본
격적으로 처지기 전인, 임신 32주에서 34
주 사이가 가장 예쁘다고 한다. 임신 전에

는 너도나도 임산부들이 자신의 커진 배를 부끄러운 줄도 모르고, 여기저기 드러내 보이며 사진으로 만천하에 임신 사실을 알리는 것이 좋아 보이지 않았다. 그리 아름답다거나 숭고하다고 느껴지지도 않았다. 그런데 막상 내가 임신을 하고 배부른 나 자신을 보니, 그들이 이해가 되었다. 남이 뭐라고 하던 나 스스로 그렇게 뿌듯하고 대견할 수가 없는 것이다. 커진 배를 만질 때마다 배 속에 구부리고 앉아 이제나 저제나 레디고ready go를 준비하고 있을 아이에 대한 사랑과 경이로움은 커져 가고, 이는 '알리고 싶다', '증거로 남기고 싶다'는 열망으로 전이 되었다. 누가 봐도 이제는 엄마 된 몸이다. 한 생명을 잉태하고 낳아 기르는 암컷의 몸이다.

자랑스럽고, 떨리고, 두렵고, 기대되고 기쁘다.

그런데 한편으로는 이제 영원히 '엄마'로만 남고, 더 이상 '여자'로, '뮤지션'으로 기억되지 못하는 건 아닐까 하는 걱정이 엄습하였다. 넘치게 줘도 적게 줘도 안 되며 항상 적정량을 유지해야 하는 데, 정말 존재하는 것 자체만으로도 이미 키우면서 다 받으니, 준 것에 대해 훗날 대가를 바래서도 안 되는데, 나 역시 존중해야 함을 잊지 않고 힘들어도 자식을 위해 억지로 하거나 그 이상을 하려 하지 않으며, 자식만 행복한 선택이 아닌 그 선택으로 인해, 나도 재밌고 무언가를 얻을 수 있고 만족할 수 있는 것을 선택해야 하는데, 막상 내 자식을 기르다 보면 생각처럼 실천이 쉽지 않다. 이미 한 몸이자 내 배 아파 내 속에서 나오는 존재라, 분리 시켜 소유 주장 안 하기가 어려운 것이다. 결혼 전에는 왜 사회적으로 열심히 일하던 여성들이 결혼을 하고 아이를 낳으면, 약속한 듯 집 밖엘 나오지 않고 소리소문없이 사회와 격리된 채 잊혀지고 사라지는지 이해할 수 없었는데, 벌써부터 몸이 힘들고 스트레스가 쌓이면 '인생 별거 있나? 자식 잘 키우고, 가정 편하면 그만이지. 군이 영감입네 창작입네 하고, 고민하고 무거워질 필요 있을까?'라고 생각하는 나를 발견하게 된다.

독한 마음먹고 스스로 채찍질하며, 자기 영역을 사수하지 않으면, 나도 아이 낳고 10년, 20년 집안에서 '자식 바라기'로 나는 없고, 자식만 있는 삶을 살 수 있을 것이다. 나중에 "너 때문에 내 인생이… 그러니까 너도 나를 위해…"라고 말하는 못난 엄마가 될 수도 있을 것이다. 그렇게 되지 않기 위해 지금부터 의도적으로 마음 단속을 철저히 해야 한다. 이기적인 것이 결국 이타적인 것이며, 그것이 나중에는 딸이나 나를 위해 최선일 수 있음을 각인해야 한다.

어떤 식으로 살아가든
마지막의 마지막까지
여전히 '나'인 거야! 그렇지.
'엄마'가 된다고 해서
자신의 묘비에 '엄마'라고 쓸 것도 아니고.

-마스다 미리, 〈수짱의 연애〉中-

만삭 사진을 보고, 아내로 엄마로 살다간, 살고 있는, 수십, 수
백 명 여성 뮤지션들이 남긴 주옥 같은 명반들을 들으며 오늘
도 다짐한다.

그래도 '나'를 잃진 않겠다고…

듣고 있으면, 그녀들이 남긴 인생의 자욱과 음악의 발자취를
함께 느낄 수 있어, 무척 공감이 간다.

- 엘리안 엘리아스^{Eliane Elias}

  〈Don't Ever Go Away(Vocal)〉

- 르네 로스네^{Renee Rosnes}

  〈Manhattan Rain〉

- 조안 브레킨^{Joanne Brackeen}

  〈Stardust〉

- 마리안 맥파틀랜드^{Marian Mcpartland}

  〈Greensleeves〉

- 테리 린 캐링턴^{Terri Lyne Carrington}

  〈Cut Off〉

- 에스페란자 스팔딩^{Esperanza Spalding}

  〈Black Gold(Feat. Algebra Blessett, Lionel Loueke)〉

- 레지나 카터^{Regina Carter}

  〈Find Yourself〉

막달로 몸이 힘들 때

산조, 판소리 태교

다시금 임신 초기의 고통이 시작되었다.

잠은 임신 초기처럼 낮잠 없이는 생활이 어려울 정도로 쏟아지고, 가끔씩 많이 먹으면, 신물이 올라와 속이 불편했다. 소변도 잦고, 발도 이제는 코끼리 다리처럼 붓고 커져서 신발이 꽉 꼈다. 손 마디마디 관절도 아프고, 아침에 일어나면 심하게 부어 주먹 쥐기조차 힘들었다. 뱃가죽이 서서히 커지고 늘어나면서 복부도 무지 가려워, 그간 등한시하던 튼 살 크림을 샤워할 때마다, 적어도 하루 2번 이상은 발라 주었다. Y자 치골 부분도 아팠다. 눕거나 앉았다 일어날 때, 서 있다가 누울 때, 고통은 배가 되었다.

드디어 나도 막달에 접어들었구나! 병원에서 막달 검사로 소변 검사, 피 검사를 하였다. 심전도 검사와 X-Ray도 찍었다. 다행히 큰 이상은 없었다. 이제 조산의 위험이 있는 시기이므로, 무리하지 않고 혈액 순환이 잘되도록 틈틈이 앉거나 누워서 휴식 취하는 것만이 내 임무다.

초기에 입덧으로 힘들어할 때 〈영상회상〉으로 위로받았는데, 후기에 접어들어 자궁저의 최고조로 몸과 마음이 힘든 시기에 '산조'와 '판소리' 가락으로 마인드컨트롤하며

국악을 다시 듣고 있자니,
느리지만 아기가
눈에 띄게 태동을 보였다.
좋다는 신호다.

'산조'는 '민속악' 중의 하나다. '민속악'은 민간에서 전해 오는 음악으로 서민적이며 한국적인 토속 음악이다. 주로 빠른 템포에 흥과 신명, 슬픔 등의 감정을 마음껏 표출하는 음악이지만, 민속악 장단도 아주 느린 장단부터 빠른 장단에 이르기까지 종류가 많다. 주로 잔가락을 많이 사용하는 것이 특징인데, 대표적인 민속악으로 '판소리', '시나위', '잡가', '민요' 그리고 '산조'가 있다.

'산조'는 기악 독주곡 형식을 갖춘 음악으로 장고나 북의 장단 반주와 함께 연주된다. 판소리의 영향으로 가야금 산조가 제일 먼저 형성되고, 훗날 거문고, 대금, 해금, 아쟁, 피리 등의 기악 독주곡으로 정착되었다. '판소리'는 원래 12마당이 존재했으나, 지금은 심청가, 흥부가, 수궁가, 춘향가, 적벽가 등 5마당만 존재한다. 몸짓을 뜻하는 '발림'과 이야기 전후 맥락을 묘사하는 말 '아니리', 그리고 중간중간 흥을 돋우는 역할을 하는 '추임새'로 이루어지는데, 창법과 위치에 따라서 동편제, 서편제, 중고제, 강산제로 나뉜다. '사철가', '사랑가' 등 '단가' 역시 좋다. 판소리를 부르기 전에, 목청을 가다듬기 위해 부르는 짧은 노래로, 판소리 같은 매우 긴 사설에 비하여 짧은 사설을 지녔다는 뜻으로 '단가'라는 이름이 붙었다.

음악 따라

그간 임신기간의 희로애락이

주마등처럼 흘러간다. 그래도 잘 견뎠다.

중간중간 힘든 적도 있었지만, 난생처음 하는 경험들이라 잔

재미도 많았다. 하지만 아직 자찬하기엔 이르다.

우리 아기 만날 그날까지,

마지막 태교에 박차를 가하자!

Music for
Mom
&
Baby

• 정회석
  〈효도가〉

• 박동진
  〈흥보가 中 '흥보 박타는 대목'〉

• 신쾌동
  〈거문고 산조(진양조, 중머리)〉

• 황병기
  〈가야금 산조〉

사랑을 듣다

사랑으로 만들고, 사랑으로 짓다

오복이 태명을 짓느라 고심하던 때가 엊그제 같은데, 이제 딸이 평생 품고 살 이름을 지어야 할 때가 되었다. 출생 신고는 출생 후, 한 달 이내 본적지나 주소지 관할 동사무소에 가서 해야 한다. 그러나 그즈음이면, 한창 오복이를 돌보랴 산후 조리하랴, 몸과 마음이 정신없을 것이 분명하기 때문에 미리 태어나기 전에 부부합의하에 이름 짓기 결정을 보는 것이 속 편할 것 같았다. 딸이라서 굳이 항렬을 따를 이유도, 시댁이 독실한 크리스천이라 태어난 날, 시 따져 가며 작명소에 갈 필요도 없었다. 신랑이랑 나, 둘만 의견일치를 하면 되었다.

신랑 성이 서 씨이고, 내 성이 이 씨인 관계로, 난 되도록이면, '서·이·○' 식의 이름을 짓고 싶었다. 우선 후보군을 인터넷에서 찾아, 나열해 보았다. 서리, 서이오, 서이안, 서이명, 서이지, 서이데아, 서이진, 서이음, 서이루, 서이현, 서이로운, 서이체, 서리엘, 서이주, 서이은, 서이롬, 서이봄, 서이솔, 서이엘…

뜻이 좋고 한글로 불러도 예쁘며, 한자나 영어로 변환해도 쓰기 쉽고, 부르기 쉬운 이름을 택하고 싶었다. 하지만 마땅한 게 없다. 게다가 내가 좋으면 신랑이 태클을 걸고, 신랑이 좋으면, 내 마음에 썩 들지 않아 합의가 어려웠다. 예전에 혼자서 페르시아고양이를 키울 때는 처음 얼굴을 보자마자, "그

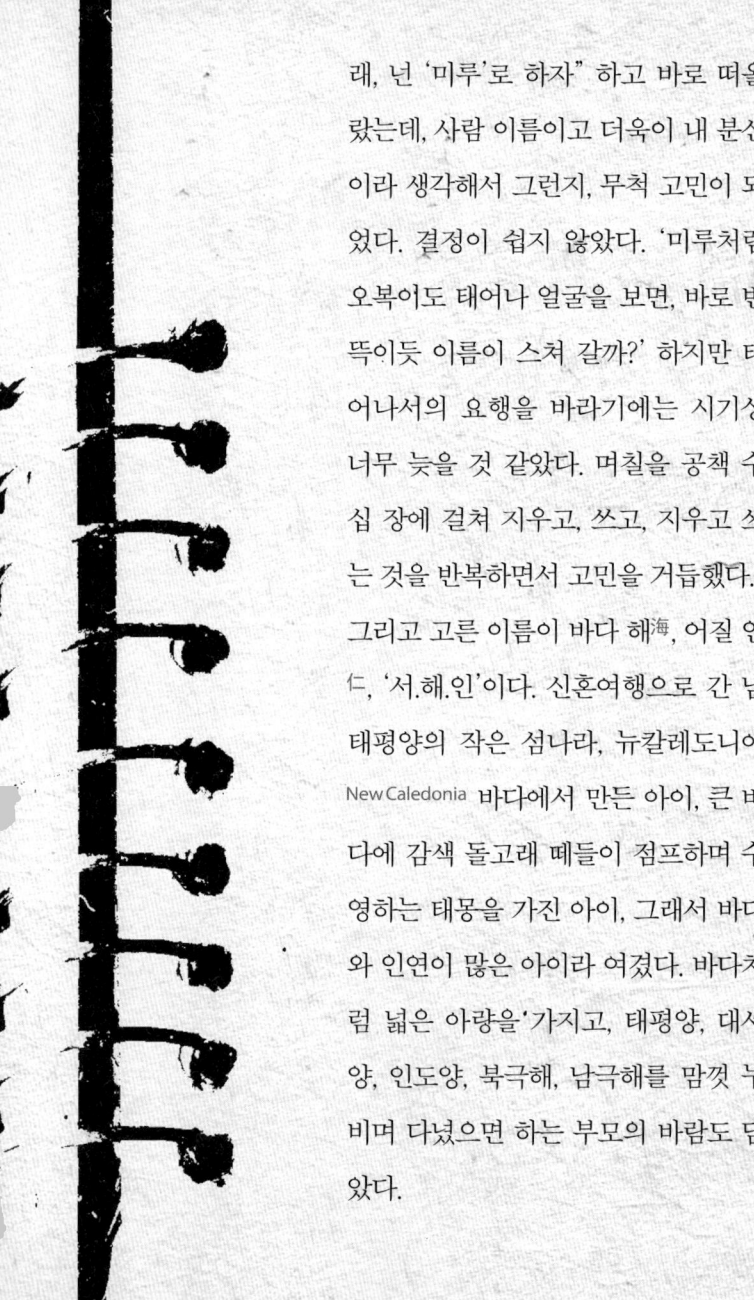

래, 넌 '미루'로 하자" 하고 바로 떠올랐는데, 사람 이름이고 더욱이 내 분신이라 생각해서 그런지, 무척 고민이 되었다. 결정이 쉽지 않았다. '미루처럼 오복어도 태어나 얼굴을 보면, 바로 번뜩이듯 이름이 스쳐 갈까?' 하지만 태어나서의 요행을 바라기에는 시기상 너무 늦을 것 같았다. 며칠을 공책 수십 장에 걸쳐 지우고, 쓰고, 지우고 쓰는 것을 반복하면서 고민을 거듭했다. 그리고 고른 이름이 바다 해海, 어질 인仁, '서.해.인'이다. 신혼여행으로 간 남태평양의 작은 섬나라, 뉴칼레도니아 New Caledonia 바다에서 만든 아이, 큰 바다에 감색 돌고래 떼들이 점프하며 수영하는 태몽을 가진 아이, 그래서 바다와 인연이 많은 아이라 여겼다. 바다처럼 넓은 아량을'가지고, 태평양, 대서양, 인도양, 북극해, 남극해를 맘껏 누비며 다녔으면 하는 부모의 바람도 담았다.

나는 우리 아이가 착한 아이, 리더십이 강한 아이, 성실한 아이, 이기적이지 않고 이타적인 아이, 사회성이 높은 아이, 글로벌한 아이, 부모를 생각하는 아이, 그 시대와 사회에서 필요로 하는 아이, 과욕 부리지 않는 아이, 때 쓰지 않는 순한 아이, 짜증 부리지 않는 아이, 건강하고 튼튼한 아이, 자립심이 강한 아이, 말 잘하고 글 잘 쓰는 아이, 부모랑 대화하길 좋아하는 아이, 정직한 아이, 자연 · 환경 · 우주 · 사회 · 봉사 · 과학에 흥미가 있는 아이, 속이 깊은 아이, 책을 가까이 하고 좋아하는 아이, 상상력이 풍부한 아이, 항상 경제적으로 충족되는 아이, 복 있는 아이, 스트레스에 강한 아이, 인성이 좋은 아이, 긍정적인 아이, 자존감이 강한 아이, 사회에 크게 기여하는 아이, 성공보다는 행복이 우선인 아이, 현명한 아이로 자라길 바란다(헉~헉~).

부모의 장점은 받고 단점은 잘 극복해서 적어도 부모보다는 나은 삶을 살기를 바라지만, 지면에 다 쓰지 못할 만큼 수많은 욕심을 뒤로하고, 그래도 가장 중요한 것은 부모가 '사랑'으로 만들고, '사랑'으로 지은 이름의 소유자인 만큼…

'사랑'이 많고,

어디에서나 '사랑'을 받고

또 주는 아이로 자라는 것이다.

사람이 살아야 할 곳은
결국 마음이며,
'사랑' 속이기 때문이다.

Music for
Mom
&
Baby

- 디안젤로 D'angelo
  〈Feel Like Makin' LOVE〉
- 재즈노바 Jazzanova
  〈LOVE Song〉
- 인코그니토 Incognito
  〈This Thing Called LOVE〉
- 프랭크 시나트라 Frank Sinatra
  〈My One And Only LOVE〉
- 재키 테라슨 Jacky Terrasson
  〈Que Reste-t'll De Nos AMOURS?〉
- 브래드 멜다우 Brad Mehldau
  〈I Fall In LOVE Too Easily〉
- 미셸 페트루치아니 Michel Petrucciani
  〈LOVE Letter〉
- 빌 프리셀 Bill Frisell
  〈When I Fall In LOVE〉

모두 다 같이 한목소리로

재즈 빅밴드처럼

클래식에 오케스트라^{orchestra}가 있다면, 재즈에는 빅밴드^{big band}가 있다. 일반적인 재즈 빅밴드의 구성을 살펴보면, 크게 트럼펫 섹션과 색소폰 섹션, 트롬본 섹션, 그리고 리듬섹션으로 나눌 수 있다. 트럼펫 섹션은 4명의 트럼펫 주자로 구성되며, 고음은 제1 트럼펫 연주자가, 솔로는 보통 제2 트럼펫 연주자가 맡는다. 색소폰 섹션은 주로 알토색소폰 2명, 테너 색소폰 2명, 바리톤 색소폰 1명으로 구성되며, 경우에 따라서 제1 알토 색소폰 주자가 소프라노 색소폰을, 다른 연주자들도 클라리넷, 플루트 등 다른

악기를 병행해서 연주하기도 한다. 트롬본 섹션의 경우, 3명의 트롬본 연주자를 배치했지만, 훗날 베이스 트롬본 주자가 보강되었다. 리듬섹션은 주로 피아노, 베이스^{콘트라베이스}, 드럼이며, 기타가 첨가되는 경우도 있다.

재즈 초창기에는 콘트라베이스 대신 튜바가 그 역할을 담당했고, 밴조가 기타 대신 투입되었다. 대표적인 빅밴드 리더로는 빅밴드의 전성기, 스윙 열풍을 몰고 온 베니 굿맨을 필두로 얼 하인즈^{Earl Hines, 1903~1983}, 빌리 엑스타인^{Billy Eckstine, 1914~1993}, 그리고 마이클 잭슨^{Michael Jackson, 1958~2009}의 프로듀서이기도 했던 퀸시 존스^{Quincy Jones, 1933~}가 이끈 빅밴드와 마일즈 데이비스의 트럼펫 사운드를 빅밴드로 실현시킨 길 에반스^{Gil Evans, 1912~1988} 등이 있다. 오늘날에도 전성기만은 못하지만, 버디 리치^{Buddy Rich, 1917~1987}, 태드 존스-멜루이스^{Thad Jones-Mel Lewis} 오케스트라, 토시코 아키요시-류 타바킨^{Toshiko Akiyoshi-Lew Tabackin} 빅 밴드 , 올리버 넬슨^{Oliver Nelson, 1932~1975}과 마리아 슈나이더^{Maria Schneider, 1952~2011}에 이르기까지, 재즈 빅밴드의 다양한 음색과 표현 가능성을 위한 고민과 노력의 전통은 계속 이어져 내려오고 있다.

빅밴드는 솔로로 연주하는 것에 비해 연주자 개개인에 대한 대중들의 집중도는 떨어지게 마련이지만, 그렇다고 전체 사운드에 대한 연주자들의 책임감이 덜한 것은 결코 아니다. 악기 하나하나가 주어진 제 역할에 소홀하지 않고 편곡된 프레이징phrasing(악상을 자연스럽게 분할하여 정리하는 것)에 맞춰 철저히 제 기능을 수행할 때, 비로소 다수가 한목소리를 낼 수 있다. 준비된 곳에 준비한 것을 내려놓고, 쉬는 동안에도 배경이 되어 솔리스트를 지원해야 한다. 혼자 따로 놀아서는 안 되며, 모두 합심으로 전체 숲을 그려야 비로소 온전한 한 곡이 완성되는 것이다.

37주부터는 아기가 나와도 정상 분만 범위에 낳는 거라, 하루하루가 살얼음이었다. 언제 아기가 나올지 모르는 상황이라 이제는 더 이상 혼자 멀리 외출하기도 두려웠다. 진통이 오면, 가방 들고 바로 튀어야 한다. 기본적으로 가벼운 옷에, 팬티, 수유용 브래지어, 속싸개, 겉싸개, 배냇저고리에 부가적으로 물티슈, 세면도구, 얇은 카디건, 양말, 수건, 슬리퍼, 출산용 패드, 수유용품, 산모패드, 수유패드, 손수건 여러 장, 컵, 개인용 화장품, 헤어 용품 등이 필요하다는데, 혼자서 그 난리통에 이 모든 걸 다 들고 나를 수 있을지 벌써부터 걱정이다. 다행히 요 며칠 지방에 있는 친정엄마가 들러 출산 준비 가방 싸는 것을 도와주셨다. 쑥쑥 걸레가 다 된 우리 집 대청소와 음식 만들기도 자청하셨다. 둘째 동생네에서 물려받은 옷과 새로 산 옷들을 아기 세제, 유연제를 넣고 빨고 너는 것도 하루 종일 하신다. 당장 기본 용품들만 싸고, 출산 신호가 오면, 나중에 나머지는 신랑더러 병원에 가져 달라고 하면 될 것이다. 동생들도 수시로 전화로 진행 사항을 체크하고 물어본다.

정말 떨린다.

아기 방에 덩그렇게 놓여 있는 출산 가방을 보고 있노라니, 다시 오지 못할 길을 떠나는 나그네 심정이 되었다.

두렵다. 하지만 홀로가 아니라 다행이다.

출산은 혼자지만, 혼자가 아니다. 낳는 당사자는 하나지만, 부모와 가족과 신랑, 그리고 주변 지인들과 병원 관계자들 모두 배경이 되어 이 하루 '빅밴드' 이벤트에 동참하게 된다. 누구 하나라도 소홀히 하거나, 실수하면 안 된다.

완성된 아기 '서해인'이라는 작품을 위해 그날, 모두가 한목소리가 될 것이다.

Music for
Mom
&
Baby

- 베니 굿맨Benny Goodman
  〈Stompin' At The Savoy〉
- 카운트 베이시Count Basie
  〈Shiny Stockings〉
- 퀸시 존스Quincy Jones
  〈Quintessence〉
- 길 에반스Gil Evans
  〈Concierto De Aranjuez(Adagio)〉
- 올리버 넬슨Oliver Nelson
  〈The Shadow Of Your Smile〉

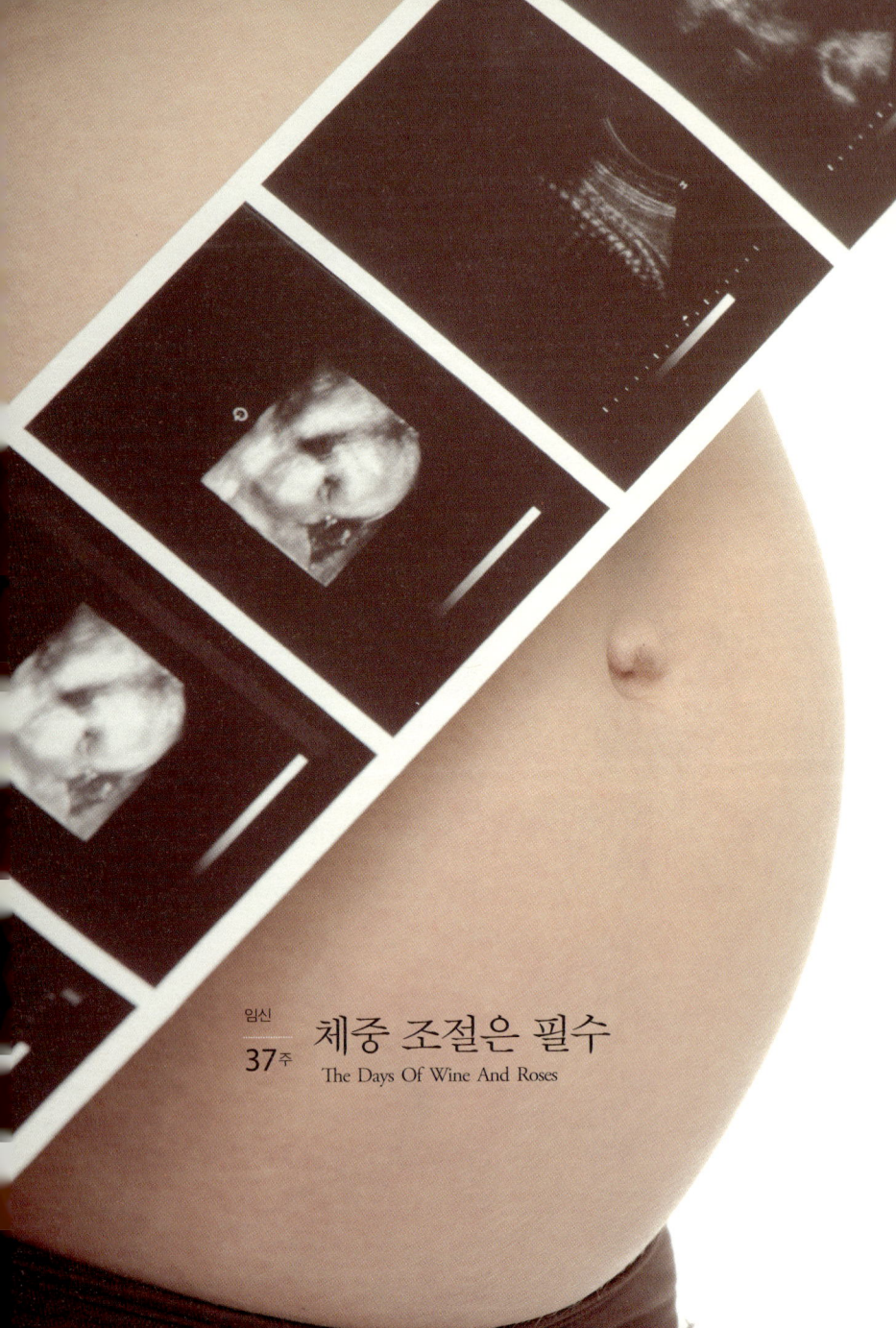

체중 조절은 필수

The Days Of Wine And Roses

막달이라 멀리 여행 가는 건 여러모로 위험했다. 하지만 때마침 휴가철이라 그냥 집에만 있기도 답답하였다. 출산하기 전, 막판 체력 보강을 위해 뷔페를 예약하는 참에, 아예 1박 2일로 'In 서울' 호텔 패키지를 끊었다. 'Summer Package'로 낮에는 야외 수영장에서 발 담그고 선베드에 누워 쉬다가, 저녁은 뷔페에서 폭식하였다. 각 나라 와인을 시음할 수 있는 'Winery Tour'도 돌았다. 임신 중이라 다 마시지는 못하고, 조금씩 맛만 봤다. 확실히 늘 생활하는 서울이라도, 현지인으로 바라본 것과 관광 온 듯 바라보는 것에는 마음가짐만으로 큰 관점의 차이가 있음을 느꼈다. 원기는 맘껏 충전된 듯한데, 문제는 체중이었다!

요 며칠 친정엄마가 와서, 집 밥을 해주시고 호텔 뷔페도 왕창 원 없이 먹고, 유난히 단 게 당겨 케이크, 도넛, 아이스크림, 초콜릿류를 절제 않고 먹었더니, 몸무게에 빨강 신호등이 켜졌다. 의사 선생님께서 제동을 건다.

"운동 좀 하셔야겠어요."

총 12kg 찌는 걸 목표로 하라고 하셨는데, 1주일 만에 2kg 가 더 쪄, 37주에 13kg을 넘어섰다. 게다가 오복이 몸무게가 3.26kg… 둘째 동생네가 40주 꽉 채워서 3.72kg인 아들 지호 를 낳은 걸 감안하면 내 기준으로 봐선, 오복인 비만이다. 근 데 음식을 먹다 보면, 조절이 안 된다. 누가 옆에서 저지를 하 거나 나 스스로 그릇 양을 정해 놓고, 이것 외에는 먹지 말아 야지 독한 결심하지 않는 한, 지금 이 상태가 모자란 상태인 지 포만 상태인지, 더 먹어도 될 상태인지 덜 먹어야 할 상태 인지, 도저히 제어가 안 되는 것이다. 그냥 넣으면 넣는 대로 자꾸 들어간다.

임신 중 체중 관리는 필수다.

임신성 고혈압이나 난산의 원인 중 하나는 입덧이 끝나는 5 개월 이후 체중이 급격하게 증가하는 데 있다고 한다. 임신 중 평균 체중 증가량은 12.5kg인데 그중 3.5kg은 출산 후에도 남을 확률이 높다는 것이다. 체중이 너무 늘면 임신중독증이 생기기 쉽고, 임신성 당뇨병에 걸릴 확률도 상당하다. 아기가 지나치게 크게 자랄 수도 있는데, 과체중아는 폐 등의 장기가 미숙한 상태로 태어나거나 난산을 할 수 있으며, 출산 시 산 도가 크게 파열되어 출혈이 심해질 수도 있다. 나의 해당 사 항이 아니지만, 체중이 너무 적게 늘어도 문제다. 빈혈이 되기 쉽고 산통을 오래 겪으며, 아기를 밀어내지 못하여 산후에도 심한 피로를 느낀다. 태아 역시 충분한 영양을 공급받지 못해 평균 이하의 작은 아이를 낳게 된다고 한다.

따라서 체중 증가 폭을 수시로 체크하여 한꺼번에 증감하지 않도록 주의하며, 식사 조절과 운동을 병행하여 체중 관리에 세심한 주의를 기울일 필요가 있다. 나처럼 체중이 갑자기 늘었다 싶으면, 탄수화물 섭취부터 줄이고 한식 중심의 메뉴를 선택하여 섬유질이 풍부한 야채 위주로 공복을 채우는 노력이 필요하다.

홍청망청 임산부의 특권으로 한계 없이 먹던

나의 '술과 장미의 나날The Days Of Wine And Roses'과 이제 안녕을 고할 때가 되었다.

작게 낳아 크게 길러야지, 뚱보 엄마에 뚱보 딸이란 소릴 들어선 안 될 것이다. 노산인데, 난산하지 않고 절대 순산해야 할 것이다. 일반적으로 순산이란 출산에 무리 없는 시기인 임신 37~41주까지의 기간에, 태아의 머리가 아래로 내려와 있는 정상적인 위치에 놓이고, 제왕절개 하지 않고 자연 분만으로, 초산인 경우 12~15시간, 경산인 경우 6~8시간 정도의 분만 시간을 소요하여 산모나 태아 모두 건강한 상태로 분만하는 것을 말한다. 이는 출산 과정만을 뜻하는 것은 아니고, 출

산 후에도 신생아에게 큰 이상이나 질병이 없고, 산후 조리
과정이 별 무리 없이 원만한 경우를 포함한다.

걱정하는 나에게
"그래도, 오복이 엄만 골반이 아주 좋네요! 순산하시겠어요~"
의사 선생님께서 희망 섞인 위안을 준다.
그 말 한마디에,
금새 기분이 좋아졌다.

Music for
Mom
&
Baby

- 오스카 피터슨 트리오 Oscar Peterson Trio
  〈The Days Of Wine And Roses〉
- 빌 에반스 & 투츠 틸레만스 Bill Evans & Toots Thielemans
  〈The Days Of Wine And Roses〉
- 행크 존스 Hank Jones
  〈The Days Of Wine And Roses〉
- 케니 드류 트리오 Kenny Drew Trio
  〈The Days Of Wine And Roses〉
- 조지 시어링 George Shearing
  〈The Days Of Wine And Roses〉

임신

39주

반가워 아가야!
사랑한다 아가야!

우리 만나다

마지막으로 나의 출산기를 정리해서 올릴까 한다. 남자 군대 무용담만큼이나, 여성들의 출산 경험담은 다이내믹하고, 다양하며, 흥미진진하다. 그러나 해보지 않은 사람은 절대 그 과정, 고통, 기분을 알지 못한다. 단지 상상할 뿐이지만,

단언컨대, 그 상상 이상의 것이다.

출산 후 나는 왜 아이를 낳아봐야 어른이 되는지, 왜 많은 사람들이 여성을 '아이 낳아 본 적이 없는 여자'와 '아이 낳아 본 경험이 있는 여자'로 구분 짓는지 비로소 알게 되었다.

그날은 내진이 있던 날이었다. 아직 자궁문은 하나도 열리지 않았다. 담당 의사 선생님께서 내진 후에는 피가 나올 수 있으니까, 나온다고 크게 걱정은 하지 말고, 출산 예정일 날, 다시 내원하라고 하셨다. 집에 와서 간단히 샤워하고 소파에 앉아 쉬는데, 그날따라 오복이가 많이 움직였다. 대수롭지 않게 여겼는데, 인터넷 서핑 중에 갑자기 '쿨럭~' 하고 뭔가가 터지는 듯한 느낌을 받았다. '피가 나올 수 있다더니, 핏덩이인가?' 하고 봤더니, 흰 물 같은 것이 콸콸 흘러나왔다. 생리대가 젖을 정도로 계속 나오는 것이다. 금세 비릿한 냄새가 나면서 속옷이 흠뻑 젖었다. '이게 뭐지?' 병원에 전화 걸려다가 별일 아닌데, 괜한 일로 전화해서 이 저녁에 오라고 하면, 귀찮을 것 같았다. 우선, 임산부 전용 카페에다 물어보고, 둘째

동생에게 전화를 걸었다. 동생은 금세 "양수 터진 거 아냐? 그렇게 있지 말고, 빨리 병원에다 전화해봐~!!"다그쳤다. 병원에 전활 했더니, 양수가 터진 것 같다고 빨리 내원하라고 했다.

택시를 타고 가면서도 '진통이 이렇게 없는데, 출산할 수 있을까?' 반신반의하였다. 지옥 같은 진통은 서서히 진행되었다. 저녁 7시 반에 병원 가서 그다음 날 오후 3시경에 낳았으니 총 20시간 진통을 한 셈이다. 진통은 생리통의 만 배이며, 허리로 탱크 한 대가 지나간다더니, 정말 그랬다. 하도 소리를 질러댔더니, 자궁문이 2cm도 채 열리지 않았는데, 가족 분만실로 바로 옮겨졌다. 소프롤로지 분만, 수중 분만, 아로마 분만, 그네분만, 경락 분만 등 여러 가지가 있었지만, 나는 그냥 조용한 1인 병실에서 가족들이 지켜보는 가운데 진통을 시작하고, 분만하는 가족 분만(LDR-Labor-Delivery-Recover)을 선택했다.

최대한 편안하고, 긴장이 덜한 상태를 원했기 때문에 신랑 외에는 어느 누구도 부르지 않았다. 분만 전, 신랑이랑 숱하게 라마즈 호흡법을 연습했는데, 실전에 들어가니 정신이 없다. 진통이 왔을 때, 좋은 기억을 생각하고 연상한 후 이완이 되면 심호흡을 깊게 하며 들이쉬고 내쉬기를 전기, 중기, 말기로 나눠 달리 반복하는 형태였는데, 도저히 고통이 심해 이론

대로 따르기 힘들었다. 그나마 제정신 상태인 신랑만이 옆에서 이렇게 해라, 저렇게 해라 코치를 해줄 뿐이다. 아기는 벌써 내려와 있다는데, 자궁벽은 두꺼워 열리지 않고, 나는 그만 포기하고 싶은 심정이 되었다.

결국 성난 사자와 같이, "무~통 주사"를 외쳤다. 무통 분만은 강한 통증이 오는 분만 제1기에 허리 부분에 두꺼운 침을 찔러 마취를 하는 방법으로 통증을 줄여, 자연 분만을 수월하게 하지만, 평소 척추에 이상이 있는 산모나 혈액 응고에 지장이 있는 경우, 마취제에 과민 반응을 보이거나 신경계 이상, 주사 맞을 부위에 피부 질환이 있는 산모는 시도할 수 없다고 한다. 또한 분만의 처음부터 끝까지 마취과 의사가 환자를 지켜보고 상황을 주시해야 하므로, 마취과 의사가 상주하는 병원이어야 한다. 개인차가 있겠지만, 나의 경우에는 무통을 맞고 훨씬 아픔이 줄어들었다. 천국이 따로 없었다. 생리통 심할 때, 바로 듣는 진통제 2알을 삼킨 느낌 백배 이상의 편안함이랄까? 그리고 나는 가족 분만실에 있는 TV를 보며 잠깐 잠이 들었나 보다.

분만은 1시간 만에 낳았으니, 진통에 비하면 정말 빨리 진행되었다. 의사가 힘을 주라고 지시하면 가능한 한 숨을 참았다가 길게 힘을 주면 된다. 변비 심할 때, 화장실에서 볼일을 보는 느낌으로 항문 쪽에 힘을 주면, 아기의 머리가 나온다. 머리가 나오면, 많은 양의 양수가 쏟아지면서 아기의 몸이 쑥 미끄러져 빠져나오므로, 더 이상 힘을 주지 않아도 된다.

그렇게 나는 예정일 5일 전,
오복이를 낳았다(2011.9.2. 3:12pm, 3.38kg).

"안녕~우리 아가!
드디어 만났구나! 너무너무 반가워~!"

오복이의 첫인상은 머리숱이 많다는 것이다. 검붉은 핏덩이가 울면서 내 배에 안기는데, 실감이 나지 않았다. 정말 내 속에서 나온 내 새끼란 말인가! 내가 이제 엄마란 말인가! 아직은 적응하는 데, 시간이 좀 걸릴 듯하다. 그저 여자라서 감사하고, 노산인데 자연 분만으로 순산해서 감사하고, 아가와 나 모두 건강해서 감사할 따름이다. 지금 같아서는 더 이상 오늘 겪은 고통 이상의 신체적 고통은 내 생애 더 없을 것 같은데, 아기 낳아 본 사람은 열에 열은 모두 다, 낳는 것 보다 기르는 것이 훨씬 더 힘들다며 출산 이후, 육아 고통 2탄을 예고한다. 정말 그럴까?

가보지 않아 두렵기도 하지만,
기.대.된.다~!!!

- 오스카 피터슨Oscar Peterson
  〈A Child Is Born〉
- 케니 드류Kenny Drew
  〈A Child Is Born〉
- 스탠리 조던Stanley Jordan
  〈A Child Is Born〉
- 토니베넷 & 빌 에반스Tony Bennett & Bill Evans
  〈A Child Is Born〉
- 엘리스 마샬리스Elis Marsalis
  〈A Child Is Born〉
- 아비샤이 코헨Avishai Cohen
  〈A Child Is Born〉
- 바브라 스트라이샌드Barbra Streisand
  〈A Child Is Born〉

List of Songs

- 칙 코리아 Chick Corea
  ⟨Day Danse⟩
- 윈튼 마살리스 Wynton Marsalis
  ⟨Feeling Of Jazz⟩
- 윈튼 마살리스 Wynton Marsalis
  ⟨Baby, I Love You⟩
- 바호폰도 Bajofondo
  ⟨Grand Guignol⟩
- 고탄 프로젝트 Gotan Project
  ⟨Last Tango In Paris(Fauna Remix)⟩
- 하바 알버스타인 Chava Alberstein
  ⟨Like A Wildflower⟩
- 세르지오 멘데스 Sergio Mendes
  ⟨Timeless(Feat. India Arie)⟩

- 제이슨 므라즈 Jason Mraz
  ⟨I'm Yours⟩
- 블랙 아이드 피스 The Black Eyed Peas
  ⟨The Time Dirty Bit⟩
- 케이티 페리 Katy Perry
  ⟨Firework⟩
- 에미넴 Eminem
  ⟨Love The Way You Lie(Feat. Rihanna)⟩
- 웨스트 라이프 Westlife
  ⟨You Raise Me Up⟩

- 스캇 조플린 Scott Jopline
  〈Maple Leaf Rag〉
- 팻츠 월러 Fats Waller
  〈Honeysuckle Rose〉
- 빅스 바이더벡 Bix Beiderbecke
  〈I'm Coming Virginia〉
- 플래처 헨더슨 Fletcher Henderson
  〈Feeling Good〉

- 아기다람쥐 또미
- 예쁜 아기 곰
- 멋쟁이 토마토
- 아기 염소
- 피노키오
- 숫자 송
- 러브 송
- 괜찮아요
- 코끼리와 거미줄
- 도토리
- 뽀로로(엔딩곡)

- 영산회상 靈山會相
  〈상령산〉

〈중령산〉
〈세령산〉
〈가락더리〉
〈상현도드리〉
〈하현도드리〉
〈염불도드리〉
〈타령〉
〈군악〉

• 글렌굴드^{Glenn Gould}
〈바흐의 골드베르크 변주곡^{Bach-Variations Goldberg}〉
〈Variations Goldberg − Aria〉
〈Variations Goldberg − Variation 1∼30〉
〈Variations Goldberg − Aria Da Capo〉

• 브라이언 이노^{Brian Eno}의 앨범
[Ambient 1: Music For Airports]
1/1
1/2
2/1
2/2

• 허비 행콕^{Herbie Hancock}의 앨범 [Head Hunters]
〈Watermelon Man〉

• 이노경
〈Flower You〉

⟨Bridge Over The Charles⟩
⟨Man—Go Tango⟩
⟨Moving Soon⟩
⟨Red River Valley홍하의 골짜기⟩
⟨Forbidden Land몽금포 타령⟩
⟨Traces Of CaTtrot⟩

• 빌 에반스Bill Evans
⟨Waltz For Debby⟩
⟨My Foolish Heart⟩
⟨Here's That Rainy Day⟩
⟨How Deep Is The Ocean⟩
⟨Someday My Prince Will Come⟩
⟨I Should Care⟩
⟨Alice In Wonderland⟩

• 오스카 피터슨Oscar Peterson
⟨Take The 'A' Train⟩

• 듀크 엘링턴Duke Ellington
⟨Take The 'A' Train⟩

• 리사 오노Lisa Ono
⟨Take The 'A' Train⟩

• 빌리 홀리데이Billie Holiday
⟨I'm A Fool To Want You⟩
⟨Body And Soul⟩

- 엘라 피츠제럴드 Ella Fitzgerald
  〈I Let A Song Go Out Of My Heart〉
  〈Cheek To Cheek〉
- 사라 본 Sarah Vaughan
  〈A Lover's Concerto〉
  〈Over The Rainbow〉

- 최성원
  〈제주도의 푸른 밤〉
- 성시경
  〈제주도의 푸른 밤〉
- 인공위성
  〈제주도의 푸른 밤〉

- 루이 암스트롱 Louis Armstrong
  〈La Vie En Rose〉
- 쳇 베이커 Chet Baker
  〈My Funny Valentine〉
- 냇 킹 콜 Nat King Cole
  〈Quizas, Quizas, Quizas〉
- 조지 벤슨 George Benson
  〈This Masquerade〉
- 스티비 원더 Stevie Wonder
  〈Ribbon In The Sky〉
- 바비 맥퍼린 Bobby Mcferrin 의 앨범 [VOCAbuLarieS]
  〈Baby〉

- 테리 올드필드 Terry Oldfield
  〈The March Of A Thousand Days〉
- 친마야 던스터 Chinmaya Dunster
  〈Purnima Namashkar〉
- 도이터 Deuter
  〈Sea And Silence〉

- 이상은
  〈이어도〉
  〈어기여 디어라〉
  〈공무도하가〉
  〈새〉
  〈Summer Clouds〉

- 키스 자렛 Keith Jarrett
  〈In Love In Vain〉
  〈So Tender〉
  〈Never Let Me Go〉
  〈Moon And Sand〉
  〈Falling In Love With Love〉
  〈The Old Country〉
  〈Too Young To Go Steady〉

- 웨스 몽고메리 Wes Montgomery
  〈For Heaven's Sake〉
  〈Four On Six〉
  〈What's New?〉

〈Polka Dots And Moonbeams〉
〈One For My Baby(And One More For The Road)〉

- 팻 매스니 그룹Pat Metheny Group
  〈Au Lait〉
  〈Letter From Home〉
  〈In Her Family〉

- 팻 매스니Pat Metheny
  〈And I Love Her〉
  〈One Quite Night〉

- 찰리 헤이든 & 팻 매스니Charlie Haden & Pat Metheny
  〈Waltz For Ruth〉

- 브래드 멜다우 & 팻 매스니Brad Mehldau & Pat Metheny
  〈Summer Day〉

- 찰리 헤이든 &
  케니 배런Charlie Haden & Kenny Barron
  〈You Don't Know What Love Is〉

- 케니 드류 &
  닐스 헤닝 오스테드 페데르센Kenny Drew & NHOP
  〈I Skovens Dybe Stille Ro〉

- 빌 에반스 & 짐 홀Bill Evans & Jim Hall
  〈Skating In Central Park〉

- 브래드 멜다우 &
  르네 플레밍Brad Mehldau & Renee Fleming
  〈Love Sublime〉

- 턱 & 패티^{Tuck & Patti}
  〈I Will〉

- 국립국악관현악단
  〈종묘제례악 보태평 中 희문〉

- 국립국악관현악단
  〈문묘제례악 中 황종궁〉

- 윈튼 켈리^{Wynton Kelly}
  〈Softly, As In A Morning Sunrise〉

- 에스뵤욘 스벤숀 트리오^{Esbjorn Svensson Trio}
  〈Seven Days Of Falling〉

- 포플레이^{Fourplay}; 나단 이스트^{Nathan East}
  〈Let's Make Love〉

- 임동혁
  〈Chopin: Piano Sonata No.2 in B flat minor Op.35
  Marche Funebre: Lento〉

- 이노경의 앨범 [A Child Is Born] 中에서
  〈Danny Boy〉
  〈Waltz For Baby Ⅰ〉
  〈Waltz For Baby Ⅱ〉
  〈Waltz For Baby Ⅲ〉
  〈Mozart: Wiegenlied^{모차르트 자장가}〉
  〈Schubert: Wiegenlied^{슈베르트 자장가}〉
  〈Brahms: Wiegenlied^{브람스 자장가}〉
  〈JaJang JaJang—Yo^{자장 자장요}〉

〈Intro: Navi—Ya^{나비야}〉
〈Navi—Ya^{나비야}〉
〈Dal—ah, Dal—ah^{달아 달아 밝은 달아}〉
〈Irish Lullaby^{아일랜드 자장가}〉

- 행크 모빌리^{Hank Mobley}
  〈Remember〉
  〈This I Dig Of You〉
- 조슈아 레드맨^{Joshua Redman}
  〈Chill〉
- 마일즈 데이비스^{Miles Davis}
  〈Freddie Freeloader〉
- 소니 스팃^{Sonny Stitt}
  〈My Little Suede Shoes〉
  〈Just Friends〉

- 에디 팔미에리^{Eddie Palmieri}
  〈Chocolate Ice Cream(Helado De Chocolate)〉
- 소니 롤린즈^{Sonny Rollins}
  〈St. Thomas〉
- 카를로스 산타나^{Carlos Santana}
  〈Europa〉
  〈Samba Pa' Ti〉

- 찰리 헤이든^{Charlie Haden}
  〈Nobody Knows The Trouble I've Seen〉

〈Sometimes I Feel Like A Motherless Child〉
〈It's Me, O Lord(Standin' In The Need Of Prayer)〉

- 빌 에반스 Bill Evans
  〈HERE's That Rainy Day?〉
  〈Quiet NOW〉
- 폴 블레이 Paul Bley
  〈And NOW The Queen〉
- 마일즈 데이비스 Miles Davis
  〈Bess, You Is My Woman NOW〉
- 조지 벤슨 George Benson
  〈From NOW On〉
- 칙 코리아 Chick Corea
  〈NOW He Sings, NOW He Sobs〉
- 나탈리 콜 Natalie Cole
  〈Our Love Is HERE To Stay〉

- 웨더 리포트 Weather Report
  〈In A Silent Way〉
- 리턴 투 포에버 Return To Forever
  〈Spain〉
- 리 릿나워 Lee Ritenour
  〈Night Rhythms〉
- 케니 G. Kenny G.
  〈Loving You〉

- 밥 제임스Bob James
  〈Gavotte & G Doubles〉
- 데이빗 샌본David Sanborn
  〈Dream〉

- 엘리안 엘리아스Eliane Elias
  〈Don't Ever Go Away(Vocal)〉
- 르네 로스네Renee Rosnes
  〈Manhattan Rain〉
- 조안 브레킨Joanne Brackeen
  〈Stardust〉
- 마리안 맥파틀랜드Marian Mcpartland
  〈Greensleeves〉
- 테리 린 캐링턴Terri Lyne Carrington
  〈Cut Off〉
- 에스페란자 스팔딩Esperanza Spalding
  〈Black Gold(Feat. Algebra Blessett, Lionel Loueke)〉
- 레지나 카터Regina Carter
  〈Find Yourself〉

- 정회석
  〈효도가〉
- 박동진
  〈흥보가 中 '흥보 박타는 대목'〉
- 신쾌동

〈거문고 산조(진양조, 중머리)〉

· 황병기
  〈가야금 산조〉

· 디안젤로^{D'angelo}
  〈Feel Like Makin' LOVE〉

· 재즈노바^{Jazzanova}
  〈LOVE Song〉

· 인코그니토^{Incognito}
  〈This Thing Called LOVE〉

· 프랭크 시나트라^{Frank Sinatra}
  〈My One And Only LOVE〉

· 재키 테라슨^{Jacky Terrasson}
  〈Que Reste-t'll De Nos AMOURS?〉

· 브래드 멜다우^{Brad Mehldau}
  〈I Fall In LOVE Too Easily〉

· 미셸 페트루치아니^{Michel Petrucciani}
  〈LOVE Letter〉

· 빌 프리셀^{Bill Frisell}
  〈When I Fall In LOVE〉

· 베니 굿맨^{Benny Goodman}
  〈Stompin' At The Savoy〉

· 카운트 베이시^{Count Basie}
  〈Shiny Stockings〉

- 퀸시 존스 Quincy Jones
  〈Quintessence〉
- 길 에반스 Gil Evans
  〈Concierto De Aranjuez(Adagio)〉
- 올리버 넬슨 Oliver Nelson
  〈The Shadow Of Your Smile〉

- 오스카 피터슨 트리오 Oscar Peterson Trio
  〈The Days Of Wine And Roses〉
- 빌 에반스 & 투츠 틸레만스 Bill Evans & Toots Thielemans
  〈The Days Of Wine And Roses〉
- 행크 존스 Hank Jones
  〈The Days Of Wine And Roses〉
- 케니 드류 트리오 Kenny Drew Trio
  〈The Days Of Wine And Roses〉
- 조지 시어링 George Shearing
  〈The Days Of Wine And Roses〉

- 오스카 피터슨 Oscar Peterson
  〈A Child Is Born〉
- 케니 드류 Kenny Drew
  〈A Child Is Born〉
- 스탠리 조던 Stanley Jordan
  〈A Child Is Born〉
- 토니베넷 & 빌 에반스 Tony Bennett & Bill Evans

〈A Child Is Born〉

- 엘리스 마샬리스Elis Marsalis
  〈A Child Is Born〉

- 아비샤이 코헨Avishai Cohen
  〈A Child Is Born〉

- 바브라 스트라이샌드Barbra Streisand
  〈A Child Is Born〉

Reference

· 김태희 · 김진영, 고시환 감수(2006), 『임신 출산 육아 대백과』, 삼성 출판사.

· 김해숙 · 백대웅 · 최태현(2000), 『전통음악개론』, 어울림.

· 사이먼 프리스 · 윌 스트로 · 존 스트리트(2005), 『케임브리지 대중음악의 이해』, 한나래.

· 요하임 E. 베렌트(2004), 『재즈 북–From Ragtime To Fusion and Beyond』, 이룸.

· 유이 쇼이치(1988), 『재즈의 역사』, 삼호출판사.

· KBS 첨단 보고 뇌과학 제작팀(2012), 『태아성장 보고서』, 마더북스.

피아니스트 엄마의
조금 특별한 음악태교

초판 인쇄 2014년 12월 12일
초판 발행 2014년 12월 12일

지은이 이노경
펴낸이 채종준
기 획 조가연
편 집 백혜림
디자인 이효은
마케팅 황영주, 이행은

펴낸곳 한국학술정보(주)
주 소 경기도 파주시 회동길 230(문발동)
전 화 031) 908-3181(대표)
팩 스 031) 908-3189
홈페이지 http://ebook.kstudy.com
E-mail 출판사업부 publish@kstudy.com
등 록 제일산–115호(2000.6.19)

ISBN 978-89-268-6739-6 13590

이담 한국학술정보(주)의 지식실용서 브랜드입니다.